밥상에 오른 과학

밥상에 오른 과학

2007년 5월 20일 초판 발행
2023년 2월 15일 11쇄 발행

지은이 | 이성규
그린이 | 임은정
펴낸이 | 김기옥
펴낸곳 | 봄나무
편집디자인 | 박대성
등록 | 제313-2004-50호(2004년 2월 25일)
주소 | 121-839 서울시 마포구 양화로 11길 13(서교동, 강원빌딩 5층)
전화 (02) 325-6694 | 팩스 (02) 707-0198 | 이메일 info@hansmedia.com

도서주문 한스미디어(주)
주소 121-839 서울시 마포구 양화로 11길 13(서교동, 강원빌딩 5층)
주문전화 (02) 707-0337 | 팩스 (02) 707-0198

밥상에 오른 과학

봄나무
Bomnamu Publishers, Inc.

두 개의 밥상 가운데 어느 것을 고를 건가요?

여기 아주 풍성하게 차려진 밥상이 둘 있습니다. 여러분은 그 두 개의 밥상 가운데 하나를 고를 수 있어요. 먼저, 어느 밥상에 어떤 음식이 차려져 있는지 볼까요?

한쪽 밥상에는 우리 고유의 전통 음식이 정갈하게 차려졌습니다. 김이 모락모락 나는 밥과 색색가지의 나물, 거기에다 김치와 생선조림, 젓갈 같은 반찬들이 가득합니다. 밥상 가운데 놓인 뚝배기에서 보글보글 끓고 있는 된장찌개가 연신 구수한 냄새를 피워 올리네요. 보는 것만으로도 배가 부를 만큼 풍성한 우리의 전통 밥상입니다.

그럼 다른 쪽 밥상에 차려진 음식은 뭘까요. 아, 이런……. 이번 밥상에는 여러분이 좋아하는 패스트푸드가 가득하네요. 노릇노릇하게 구운 치킨과 큼지막한 피자가 가장 먼저 눈길을 사로잡습니다. 그 옆에는 두툼한 햄버거와 고소하게 튀긴 프렌치프라이, 그리고 콘샐러드와 야채샐러드가 먹음직스럽게 놓여 있군요. 바늘 가는 데 실 따라가듯, 패스트푸드가 있는데 콜라를 비롯한 청량음료가 빠질 리 없죠.

자, 여러분은 어떤 밥상을 고를지 결정했나요? 음……, 우리 친구들이 선택한 밥상을 보니 짐작한 대로 패스트푸드 쪽이 많군요. 보기만 해도 군침이 도는데다가 달콤하게 톡 쏘는 청량음료까지 마실 수 있으니 어쩔 수 없다고요? 맛있고 빠르게, 또한 간편하게 배를 채울 수 있으니까 일석삼조(一石三鳥)라는 친구도 있네요.

하지만 전통 밥상을 고른 친구도 몇몇 보입니다. 그 친구들은 왜 전통 밥상을 선택한 걸까요? 귀를 기울여 보니 우리 몸에는 우리 전통 음식이 좋다는 말을 어른들한테 자주 들었다고 하는군요. 또 어떤 친구는 자신이 좀 뚱뚱한 편이라서 칼로리가 적은 전통 밥상을 골랐다고 말합니다.

예, 좋습니다. 충분하진 않지만 모두 맞는 말이에요. 아마 여러분도 대부분 전통 음식이 몸에 좋다는 것쯤은 다들 알고 있을 거예요. 하지만 여러분이 꼭 알았으면 하는 것이 있습니다. 그게 뭐냐고요? 오랜 세월 동안 먹어 온 우리 겨레의 전통 음식에는 조상들의 지혜와 슬기가 오롯이 담겨 있다는 사실입니다. 뿐만 아니라 전통 음식은 현대 과학의 눈으로 봐도 놀라울 만큼 과학적이기도 하거든요.

과연 그게 사실일까요? 첨단 시대의 패스트푸드보다 어떻게 옛날 우리 조상들의 전통 음식이 더 과학적일 수 있을까요? 그것이 알고 싶다면 이제부터 밥상에 오른 과학, 패스트푸드와 전통 음식의 과학 대결 속으로 들어와 보세요.

- 2007년 5월, 이성규

"오늘 점심은 뭘 먹을까?"

일요일 오후, 텔레비전을 보던 아빠는 엄마와 나를 흘깃 바라보았습니다. 늦게 일어나 아침을 먹는 둥 마는 둥했으니 슬슬 배에서 신호가 올 시간이 되었죠.

"두리야, 전화번호부 좀 가져와 봐."

엄마가 말하는 그 전화번호부란 바로 우리 동네의 음식점과 상가 전화번호가 먹음직스러운 음식 사진과 함께 실려 있는 책을 뜻합니다. 나는 얼른 일어나 장식장 서랍 안에 들어 있는 전화번호부를 엄마에게 갖다 드립니다.

"어디 보자……, 피자로 할래? 치킨? 햄버거 세트? 아니면 자장면?"

엄마는 책장을 넘기며 보이는 대로 메뉴를 부릅니다. 하지만 결론은 뻔합니다. 아빠는 치킨, 나는 프렌치프라이와

콜라가 함께 들어 있는 햄버거 세트를 좋아하니까요. 느긋하게 텔레비전을 보며 치킨과 햄버거를 먹을 생각을 하니 벌써부터 입에 군침이 가득 돕니다.

꼭 일요일이 아니더라도 우리 가족은 이렇게 자주 식사를 시켜 먹습니다. 특히 우리 엄마는 외식 대 찬성론자입니다. 왜냐고요? 엄마 말에 따르면, 외식을 하면 집에서 직접 음식을 만들어 먹는 것보다 비용이 적게 든다고 합니다. 그리고 어수선하게 늘어놓고 요리를 하거나 설거지를 할 필요가 없으니 시간도 절약된답니다.

그러고 보면 아빠처럼 직장에 다니느라 늘 바쁜 엄마에게는 외식이 중요할 수밖에 없을 것 같기도 합니다. 덕분에 나도 좋아하는 패스트푸드를 원 없이 먹을 수 있긴 하지만요.

패스트푸드는 주문만 하면 곧바로 나오잖아요. 그러니 시간 절약을 위해 시켜 먹거나 외식을 자주 하는 우리 가족에게 패스트푸드는 아주 적합한 메뉴인 셈이죠.

더구나 아빠 말에 따르면 기름진 음식을 먹어야 힘도 쓸 수 있다고 합니다. 그래서인지 몰라도 아빠는 배가 좀 심하게 나온 편이고, 나도 동네 아줌마들로부터 '우량아'라는 말을 자주 듣는 편이긴 해요. 엄마는 가끔 그런 아빠와 나를 보고 배불뚝이 부자라고 놀리기도 하지만, 그래도 뭐 괜찮습니다. 아빠는 배도 인품이라며, 남자는 배가 좀 나와야 덩치도 커 보이고 당당해질 수 있다고 했거든요.

어쨌든 '외식 엄마'와 '배불뚝이 아빠', 그리고 '우량아'인 나는 패스트푸드가 있어 행복하고 화목한 가족입니다. 전화만 하면 언제든지 후딱딱 달려오는 구수한 치킨과 먹음직스런 햄버거, 매일 먹어도 맛있을 것 같은 피자가 바로 우리 가족에게 행복을 안겨 주는 일등공신이죠.

그러던 어느 날, 우리 가족의 행복에 불안한 조짐을 보이는 사건이 벌어졌습니다. 그날은 아빠가 회사에서 받은 정기 건강 검진 결과가 나온 날이었죠. 병원에서 진단한 아빠

의 건강 상태는 썩 좋지 않았습니다. 고혈압에다가 약간의
당뇨 증세, 그리고 복부 비만으로 인한 몇 가지 성인병 발병
이 우려된다는 결과가 나왔거든요.

　거기에 결정타를 가한 것은 우연히 보게 된 텔레비전 프
로그램이었습니다. 소아 비만이 주제였는데, '소아 비만'
이란 나처럼 좀 뚱뚱한 어린이들을 일컫는 말
이죠. 요즘엔 우리나라도 다른 선진국들처
럼 소아 비만이 부쩍 늘어나 사회 문제가
될 정도라고 합니다.

　우리는 말도 주고받지 않고 우울해진
얼굴로 텔레비전만 지켜보았어요. 소아
비만이 특히 나쁜 점은 심장에 부담을
주어 호흡 장애를 일으키고, 어린이들
의 신체 발육에 심각한 장애를 일으킨
다는 것이었습니다. 또 지금까지 성
인 비만의 합병증으로만 알려져 있
던 고혈압, 당뇨병, 동맥경화, 고지혈
증 같은 질병이 뚱뚱해진 어린이들

에게도 나타난다는 사실이었지요.

그 뒤 한동안, 내가 느끼기에도 우리 집 분위기는 전에 비해 덜 화목했습니다.

사진 한 장

그 프로그램을 본 뒤부터 아빠가 나를 바라보는 눈빛이 달라졌습니다. 예전의 다정함은 온데간데없고 뭔가 단호하면서도 굳은 표정이 되어 버렸죠.

뿐만 아니라 아빠는 참으로 이상한 행동을 하기 시작했습니다. 갑자기 운동을 하자며 밤중에 나를 데리고 학교 운동장을 뛰는가 하면, 인터넷과 기사 스크랩북을 뒤적거리며 뭔가 열심히 연구를 하기도 했어요.

그리고 며칠 뒤였습니다. 아빠는 엄마와 나를 부른 뒤 사진 한 장을 불쑥 내밀었습니다. 그러고는 사뭇 비장하게 말했지요.

"바로 이거야. 우리 가족이 건강해질 수 있는 비결이 여기에 들어 있다고."

아빠가 내민 사진은 정성스럽게 차려진 전통 밥상이었습니다. 오곡밥에 김치와 된장찌개, 나물 반찬들이 두리반에 놓여 있었습니다. 두리반이 뭐냐고요? '두리반'은 옛날부터 우리 민족이 써 온 밥상입니다. 여러 사람이 둘러앉아 먹을 수 있는 크고 둥근 상이에요. 내 이름에다 밥상을 뜻하는 '반(盤)' 자가 붙은 것이라 이렇게 잘 알고 있죠. 어쨌든 짙은 고동색 두리반에 놓인 하얀 그릇 속 음식들은 참으로 정갈해 보였습니다.

"이 사진이 어떻다는 거예요?"

하지만 엄마와 나는 영문을 몰라 어리둥절할 수밖에 없었어요.

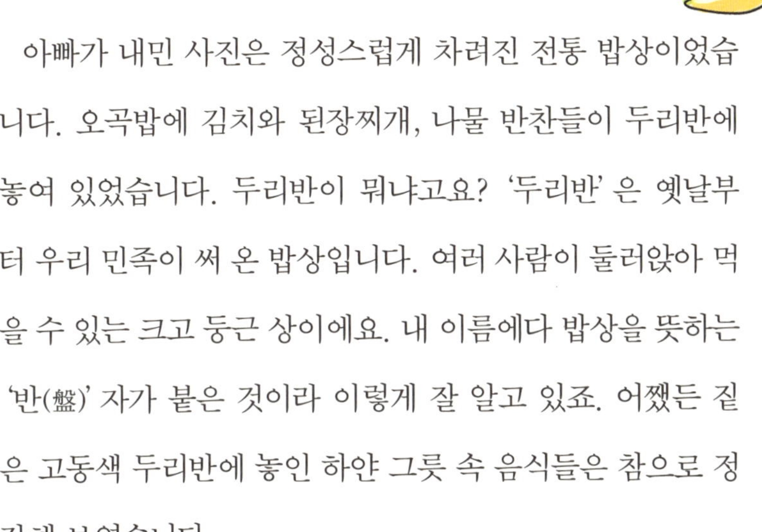

“우리도 이런 전통 음식을 먹어야 해. 이제부터 외식과 패스트푸드는 아예 안 먹는 게 좋을 것 같아요.”

아니, 이게 무슨 날벼락 같은 소리일까요. 그렇게 맛있는 패스트푸드를 앞으로 먹을 수 없다니. 나뿐만 아니라 엄마의 얼굴 표정도 심각해졌습니다. 사진 속 밥상처럼 매일 음식을 차리려면 아무래도 엄마가 제일 힘들어질 테니까요.

“물론 단번에 바꾸기 힘들다는 건 나도 알아요. 하지만 우리 가족의 건강을 위해서 며칠 동안 고민한 끝에 내린 결론이니까 이해하도록 해요. 그리고 두리는 아빠랑 같이 엄마를 많이 도와야 해. 알았니?”

놀란 엄마와 나하고는 달리 아빠는 담담하게 말을 이어 나갔습니다.

“무엇보다 전통 음식을 잘 요리해 먹으려면 왜 그게 우리 몸에 좋은지 정확하게 알아야 해요. 아무리 좋은 음식이라도 잘 알지 못하면 실천하기도 힘들 테니까.”

아빠는 우리에게 제안을 하나 했습니다. 당장 오늘부터 사진 속 두리반에 차려진 음식들에 숨겨진 비밀을 함께 연구하며 찾아보자는 거였죠. 그리고 우리 몸이 원하는 먹을거리 속에 어떤 과학 이야기가 숨어 있는지, 그동안 무심코 먹어 온 패스트푸드가 왜 우리 몸에 나쁜지 알아보는 것도 좋은 공부가 될 거라고 했습니다. 아빠는 호기심 가득한 표정으로 이렇게 말했어요.

“이를테면……, 패스트푸드와 전통 음식의 대결, 과학 한 판이라고 해야 할까?”

과학이고 뭐고 나는 한숨부터 나왔습니다. 이제 맛있는 피자나 치킨도 못 먹고, 거기에다 아빠랑 과학 공부까지 해야 된다니 정말 큰일 났습니다. 하지만 그런 걱정은 머지않아 할 필요가 없게 되었습니다. 우리 선조들이 먹어 온 전통 음식에 그만큼 멋진 삶의 지혜와 재미있는 이야기가 숨어 있는 줄은 미처 몰랐으니까요.

우리 몸과 패스트푸드의 궁합

“지피지기(知彼知己)면 백전불태(百戰不殆)라. 이게 무슨 뜻인지는 알고 있겠지?”

“그럼요. 상대를 알고 나를 알면 백 번 싸워도 위태롭지 않다는 말이죠.”

아빠가 나한테 왜 그런 질문을 했는지는 말하지 않아도 뻔합니다. 우리 가족의 상대는 지금 패스트푸드이니까 먼저 패스트푸드가 무엇인지부터 알아야 한다는 뜻이겠죠. 뿐만 아니라 우리 몸과 전통 음식에 대해 충분히 알고 싸움에 임해야 패스트푸드와의 대결에서도 승리를 거둘 수 있다는 뜻입니다.

그럼 과연 패스트푸드란 뭘까요? '패스트푸드'는 말 그대로 '패스트(fast, 빠른)'와 '푸드(food, 음식)'가 더해진 말입니다. 주문하면 곧바로 나온다는 뜻에서 생긴 것이죠. 1960년대부터 미국에서 보급되기 시작한 뒤, 식품 산업 기술이 빠르게 발전하면서 간편한 것을 원하는 현대인의 생활 습성에 알맞아 전 세계 사람들이 즐겨먹고 있습니다.

하지만 가만히 생각해 보면 패스트푸드의 역사는 아주 오랜 옛날로 거슬러 올라갑니다. 유럽이나 중동 사람들은 예로부터 가축을 몰고 옮겨 다니는 유목민이거나 이 도시 저 도시 떠돌아다니며 장사를 하는 이동성 민족이었습니다. 때문에 그들의 먹을거리는 간편하게 요리할 수 있고, 먹는 데 시간이 많이 걸리지 않아야 하며, 또한 편리하게 가지고 다닐 수 있는 음식이어야 했습니다. 우리처럼 농사를 지으며 한 마을에서 오랫동안 살아온 정착 민족과는 전혀 달랐죠.

우리 전통 음식과 비교해 보면 그 차이를 더욱 명확히 알 수 있습니다. 우선 우리 음식의 재료가 되는 고추장, 간장, 된장 등은 담근 뒤 발효시키는 데만 몇 개월 넘게 걸립니다. 여러 해 동안, 그리고 오래 묵힐수록 맛이 더 뛰어나게 되죠.

그런데 이리저리 옮겨 다니는 이동성 민족은 그만큼 오래 기다릴 수도 없고, 이동할 때 무거운 고추장 단지를 들고 다닐 수도 없는 노릇입니다. 따라서 이동성 민족은 김치와 고추장 등 오래 묵히는 발효 음식이나 국·찌개 등 물기가 많은 음식 대신, 되도록 빠르고 간편하게 먹을 수 있는 음식이 많을 수밖에 없겠죠.

패스트푸드만 먹고 살 수 있을까?

"그러니까 오늘날은……, 더욱 빨라진 생활 패턴과 자동차 문화의 발달로 차 안에서도 끼니를 해결할 수 있는 패스트푸드가 인기를 끌고 있다는 거지."

"그런데 이렇게 편리한 패스트푸드가 왜 문제라는 건가요?"

느닷없는 나의 질문에 아빠는 빙긋 미소를 지었습니다.

"글쎄, 왜 그럴까? 지난 2004년 미국에서 개봉한 〈슈퍼 사이즈 미(Super Size Me)〉라는 영화를 보면 그에 대한 답이 가

장 잘 나타나 있어."

그 영화는 하루 세 끼를 패스트푸드만 먹고 한 달 동안 지내며 몸이 어떻게 변해 가는지 관찰한 다큐멘터리라고 합니다. '모건 스퍼록'이라는 감독이 직접 생체 실험에 참여해 촬영을 진행했는데, 그 결과 놀라운 일이 벌어졌습니다. 불과 한 달 만에 그의 체중은 11kg이나 늘었고, 혈압과 콜레스테롤 수치도 급격히 높아진 것입니다. 뿐만 아니라 머리가 깨질 듯한 두통과 심각한 우울증에 시달렸으며, 차를 타고 가다 갑자기 음식물을 토하는 일도 생겼습니다. 촬영을 시

작하기 전만 해도 대단히 건강했던 그의 몸이 완전히 망가진 것이죠.

"우리나라에서도 그와 비슷한 시도가 있었어. 환경 단체에서 일하는 어느 환경 운동가가 한 달 예정으로 하루 세 끼를 햄버거 등 패스트푸드만 먹는 실험을 한 거야."

"그래서 어떻게 되었어요?"

나는 아빠 앞으로 고개를 바짝 내밀었습니다. 하지만 아빠의 입에서 나온 대답은 뜻밖이었습니다.

"그 실험은 예정했던 한 달을 채우지 못하고 24일 만에 중단해야만 했어. 왜냐 하면 그 사람의 건강이 너무 나빠졌기 때문이지."

실험에 참가한 환경 운동가는 하루 1만 보를 걷는 운동을 한 덕분에 체중은 3.4kg 느는 데 그쳤지만, '체지방'은 무려 5.2kg이나 증가했답니다. 즉, 근육이 녹아 지방으로 변해 버린 것이죠.

그러나 무엇보다 심각한 것은 간의 건강 정도를 나타내는 효소 수치(GPT)가 3배 이상 높아졌다는 사실입니다. 또 우울증과 모든 일에 의욕을 잃는 무기력증 같은 증세가 나타

나기도 했대요. 우리가 별 생각 없이 먹는 음식 하나 때문에
이 같은 나쁜 증상들이, 게다가 그렇게나 빨리 나타날 수 있
다니 정말 무섭지 않나요?

　자, 보세요. 여기 내가 좋아하는 햄버거 세트 하나와 잘
차려진 전통 밥상이 있습니다. 빠르게 먹을 수 있는 패스트
푸드와 전통 음식들 중 과연 어느 쪽이 칼로리가 높은지 한
번 비교해 볼까요?

'칼로리(kcal)'는 음식물의 열량을 측정할 때 쓰는 단위인데, 우리가 먹은 음식물이 소화되면서 몸 안에 생기는 열량(에너지)을 말합니다. 음식마다 서로 다른 양의 칼로리가 들어 있어요. 그러니 우리 몸에 필요한 양보다 많은 칼로리가 들어오면 어떻게 될까요? 당연히 남는 칼로리는 몸의 지방 세포에 쌓이게 된답니다. '밤에 먹는 것은 다 살로 간다'는 말도 괜히 나온 건 아니죠.

얼핏 눈대중으로 보기엔 가짓수 많은 전통 밥상보다 간편한 패스트푸드가 훨씬 칼로리가 적을 것 같습니다. 더구나 그릇 가득 담긴 밥을 보면 더욱 그런 생각이 들 것 같기도 해요. 하지만 길고 짧은 건 대 봐야 아는 법. 하나하나 찬찬히 살펴보기로 하죠.

먼저 전통 밥상의 음식부터 시작해 보겠습니다. 밥 한 공기에 300kcal, 뚝배기에서 김을 모락모락 내는 된장찌개가 90kcal, 김치 11kcal, 시래기국이 80kcal, 고사리·시금치·숙주나물 세 가지를 합쳐서 120kcal. 밥상에 오른 음식을 모두 합쳐 보니 601kcal입니다.

다음은 햄버거 세트입니다. 큼직한 햄버거 하나가 590kcal,

닭다리 치킨 한 쪽이 337kcal, 프렌치프라이 220kcal, 콜라 한 잔에 100kcal. 거기에다 콘샐러드까지 곁들이면 176kcal 추가. 이것만 해도 벌써 1,423kcal입니다. 내가 별미로 챙겨 먹는 치즈스틱은 아직 포함시키지도 않았는데 말이에요.

　이로서 첫 대결은 싱겁게 끝나고 말았습니다. 간편하게 먹는 패스트푸드 세트가 푸짐하게 차려진 전통 음식보다 훨씬 많은 열량을 가지고 있다니 정말 놀랍네요. 앞에 나온 영화 감독과 환경 운동가가 왜 그처럼 살이 쪘는지 이제 알 수 있겠죠?

패스트푸드의 함정

　패스트푸드의 문제는 이처럼 열량이 높다는 사실뿐만이 아닙니다. 굳이 열량만으로 따진다면 전통 음식인 한식에도 얼마든지 열량 높은 음식이 있습니다. 예를 들어 볼까요? 위에 나온 밥상에다 불고기(385kcal)와 삼계탕(800kcal)만 추가해도 패스트푸드 세트보다 총열량이 많아지거든요.

　하지만 여기서 유의해야 할 점은 칼로리가 아니라 ‘지방

함량' 입니다. 대개 한식의 경우 총 칼로리의 70~80%를 탄수화물로부터 얻는 반면, 패스트푸드 세트 메뉴는 총 칼로리의 40~50%를 지방으로부터 얻고 있다는 점을 분명히 알아야 해요. 즉, 한식은 총열량에서 지방이 차지하는 비율이 20% 정도이지만, 패스트푸드는 그보다 지방 함량이 두 배 이상 높다는 거죠. 그러므로 앞에서 예로 든 총열량이 601kcal인 전통 밥상은 지방이 차지하는 비율이 120kcal 정도에 지나지 않지만, 1,423kcal였던 햄버거 세트는 그 중 570~710kcal가 지방인 셈입니다. 다시 말해 열량이 같더라도 한식은 지방이 적고 패스트푸드는 지방이 많다는 뜻이에요. 담백한 생선에 비해 기름기가 훨씬 많은 돼지고기처럼 말이지요.

"지방이 많은 게 왜 문제가 되나요?"

　그 대목에서 나는 고개를 갸웃거릴 수밖에 없었습니다. 얼마 전까지만 해도 아빠는 기름진 음식을 많이 먹어야 힘을 쓸 수 있다고 했으니까요.

　"우리 두리가 모처럼 아주 좋은 질문을 했는걸."

　내 질문에 고개를 끄덕이던 아빠는 차근차근 설명을 이어나갔습니다.

　"무슨 음식이든, 먹으면 신체 활동을 위해 에너지로 쓰이는 것 말고 먹은 음식 자체를 소화시키는 데 쓰이는 칼로리도 있어. 이를 '음식 이용에 필요한 에너지 소비량(TEF - Thermic Effect of Food)' 이라고 하는데, 보통 음식 총열량의 10% 가량을 차지하지."

　"아, 그렇군요."

　만약 1,000kcal의 음식을 먹었다면 이 가운데 100kcal는 소화, 흡수하는 데 쓰이고 나머지 900kcal가 활동하는 데 쓰이거나 몸에 축적되는 겁니다. 그런데 이 TEF가 인체 에너지원인 단백질과 탄수화물, 그리고 지방에 따라 다르다는 데 문제가 있습니다. 즉, 단백질은 전체 열량의 15~30%를

TEF로 쓰고, 탄수화물은 10~15% 정도를 사용합니다. 그러나 지방은 고작 3~5%밖에 사용하지 않거든요.

"그럼 어떻게 될까? 같은 열량의 탄수화물이나 단백질보다 지방의 경우는 몸에 축적될 수 있는 열량이 당연히 많아지겠지? 바로 이게 패스트푸드의 함정이야."

아빠의 말에 따르면, 똑같은 열량의 전통 음식과 패스트푸드를 먹었다 해도 지방 함량이 훨씬 많은 패스트푸드가 비만을 불러올 위험이 훨씬 높다는 거였죠. 정말 아찔한 이야기입니다. 아빠의 이야기를 들을수록 점점 내 몸이 이상해지는 것 같았어요. 그동안 패스트푸드를 그렇게 먹어 댔으니 그런 기분이 들만도 하죠.

하지만 아직 끝난 게 아니랍니다. 패스트푸드에는 소금이 아주 많이 들어 있습니다. 물론 짠 음식을 너무 많이, 그리고 오랫동안 먹으면 고혈압이나 뇌졸중 같은 병에 걸리기 쉬우므로 좋지 않겠죠. 때문에 세계보건기구(WHO)에서는 하루 소금 섭취량을 나트륨 기준으로 4g 이하로 섭취할 것을 권하고 있습니다. 하지만 햄버거나 치킨 하나만 먹어도 하루 권장량의 3분의1을 채우게 된다고 합니다. 또 패스트푸드는 풍부한 열량에 비해 칼슘, 철분, 비타민A 등 우리 몸에 꼭 필요한 영양소의 함량은 적다고 하네요. 칼슘과 마그네슘 같은 무기질이 부족해지면 신경이 예민해지고 급해집니다.

그뿐만이 아닙니다. 패스트푸드에는 안정제, 유화제, 보존제, 살균제, 착색제, 감미료, 산화방지제 같은 첨가물과 화학조미료가 들어 있습니다. 이런 첨가물의 50~80%는 몸 밖으로 배설되지만 나머지는 우리 몸에 쌓이게 되는데, 장과 간에 부담을 줄뿐 아니라 심지어는 암을 일으킬 위험도 있다고 해요. 더욱이 화학조미료의 주성분은 흥분성 신경 전달 물질인 '글루탄산나트륨' 인데, 이런 첨가물이 든 음식을 계속 먹다 보면 심할 경우 신경 세포막이 파괴되어 뇌에 장애를 일으킬 수도 있다는 겁니다.

청량음료를 마시면 화가 나

패스트푸드를 많이, 그리고 오랫동안 먹으면 화를 잘 내는 성격이 될 수 있다는 것은 어른들이 괜히 지어 낸 말이

아닙니다. 미국에서 나온 한 보고서에 따르면 패스트푸드를 많이 먹은 어린이들에게서 폭력성이 나타났다는 조사 결과가 있었거든요. 맛있기만 한 패스트푸드가 그런 나쁜 성격을 만들다니 도저히 믿어지지 않죠? 그 주범 가운데 하나가 바로 패스트푸드를 먹을 때 늘 같이 마시는 콜라나 사이다 같은 청량음료입니다.

청량음료의 매력은 톡톡 쏘면서도 사탕처럼 달콤한 맛입니다. 달콤하다는 것은 곧 당분이 많다는 뜻인데, 청량음료를 많이 마시면 순간적으로 우리 몸속 혈당도 올라가게 되거든요. 하지만 우리 몸은 그처럼 갑자기 오른 혈당을 그냥 내버려 두지 않습니다. 곧 인슐린을 분비하여 혈당을 끌어내리죠. 그렇게 되면 피 속의 포도당인 혈당이 오히려 평소보다 줄어든 저혈당 상태가 됩니다.

우리 뇌의 에너지원은 포도당뿐이어서 뇌는 포도당 없이는 제 할 일을 할 수 없습니다. 따라서 갑자기 저혈당 상태가 되면 뇌는 조절 기능을 잃게 되겠죠. 어쩔 수 없이 우리 몸은 다시 혈당을 올리기 위해 공격 호르몬이라 불리는 '아드레날린'을 많이 방출해야 합니다. 이 아드레날린으로 인해 우리는 신경질을 자주 내게 되지요. 그러다 보니 공부도 안 되고 기분이 우울해지거나 불쑥 화를 내기도 하죠.

실제로 일본에서는 1979~1980년 사이에 탄산음료의 소비가 폭발적으로 늘었는데, 일본에서 교내 폭력이 시작된 시기도 바로 그때라고 합니다. 패스트푸드의 본고장인 미국에서도 초등학교에 설치된 자동판매기에서만큼은 탄산음료를 못 팔게 한 까닭을 이제 알 수 있겠죠?

그럼 단맛을 내는 음식이 숱하게 많은데 왜 탄산음료의 달콤한 맛만 그렇게 문제로 여기는 걸까요?

우리 몸속에서는 모든 에너지원이 단당류인 포도당으로 바뀝니다. '단당류'란 쉽게 말해서 당이 하나씩 쪼개져 있는 상태를 가리킵니다. 때문에 단당류는 몸에 들어간 즉시 흡수됩니다. 먹은 음식 자체를 소화·흡수하는 데 소비되는 TEF가 전혀 필요 없는

셈이죠. 반면에 다당류는 당이 여러 개 붙어 있으므로 체내에서 흡수되기 위해서는 단당류인 포도당으로 쪼개지는 과정을 거쳐야 합니다. 즉, TEF가 필요합니다.

이만큼 설명했으니 이제 눈치 채셨나요? 그렇습니다. 탄산음료에 들어 있는 단맛은 단당류입니다. 따라서 탄산음료를 많이 마시면 포도당이 체내에 바로 흡수되어 전체 섭취 열량이 높아지고 그만큼 비만이 될 확률이 높은 것이지요.

한 지붕 세 가족, 지방 삼형제

그럼에도 불구하고, 나는 자꾸 이런 생각이 들곤 했습니다.

'그래요, 이제 나도 패스트푸드가 몸에 안 좋을뿐더러 살을 찌게 한다는 것쯤은 다 알고 있다고요. 하지만 며칠만 안 먹어도 자꾸 생각나고 패스트푸드 가게를 그냥 지나치기 힘든 걸 어떡해요?'

나는 아빠한테 솔직하게 말씀드렸습니다.

"그래……, 하지만 그건 너만 그런 건 아냐. 한 번 손대면

끊기 힘들다는 마약처럼 말이지. 자, 이걸 보라고.”

잠자코 나를 지켜보던 아빠가 갑자기 대단한 발견이라도 한 듯 스크랩북을 뒤적이기 시작합니다. 잠시 뒤 아빠가 나와 엄마에게 보여준 자료에는 정말이지 놀라운 사실이 담겨 있었습니다.

그것은 미국의 어떤 대학에서 연구한 내용이었습니다. 패스트푸드를 쥐들에게 오랫동안 먹이다가 갑자기 주지 않았더니 이상한 행동을 보였다는 거였어요. 마치 마약에 중독된 쥐들이 마약을 끊었을 때하고 비슷한 증상이었다는 것입니다. 설마 누가 패스트푸드에 마약이라도 몰래 탄 걸까요?

“패스트푸드를 갑자기 끊은 쥐들에게 마약 중독 증상을 보이게 한 범인이 과연 뭘까?”

아빠는 풀기 어려운 수수께끼라도 내듯 엄마와 저를 번갈아 바라보았습니다. 그때 엄마가 불쑥 대답했습니다.

“혹시⋯⋯, 지방 아니에요? 음식의 향과 맛을 증가시켜 우리의 미각을 사로잡는 지방 말이에요.”

“당신, 대단한데요? 그런 것도 다 알고⋯⋯.”

“그런 것쯤이야 주부들에게는 상식이라고요.”

아빠의 칭찬에 엄마가 으쓱했습니다. 알고 보면 아빠는 이론으로만 밝았지 음식에 대한 기본적인 지식은 엄마를 따라갈 수 없나 봅니다.

어쨌든 아빠의 설명에 따르면, 패스트푸드에 함유된 지방을 오랫동안 먹을 경우 모르핀 같은 마약에 중독됐을 때처럼 뇌가 반응을 한답니다. 그래서 자기도 모르게 중독 증세를 보이는 것이지요. 하기야 고기도 먹어 본 사람이 맛을 안다는 옛말도 괜히 나온 건 아니겠죠. 채식하는 사람들도 가장 견디기 힘든 것이 갈비집 앞을 지날 때 맡은 고기 굽는 냄새라고 합니다. 바로 지방이 타면서 나는 냄새죠. 오죽하면 '중이 고기 맛을 보더니 절의 빈대를 안 남긴다' 는 속담까지 생겨났을까요.

그러니 지방 범벅인 패스트푸드에 한 번 맛을 들이면 정말 마약 중독처럼 끊기 힘들 수밖에요. 그런데 지방이라고 해서 다 같은 지방이 아니라는 데 더욱 심각한 문제가 있습니다. 지방에는 몸에 해로운 지방뿐만 아니라 혈관 건강에 이로운 지방도 있습니다. 그런 반면에 패스트푸드에 특히 많은 트랜스지방이라는 고약한 지방도 있고요.

트랜스 지방 이야기가 나오자 아빠의 목소리가 조금 비장해졌습니다.

"자, 그럼 이번에는 지방이라는 같은 지붕 아래 각각 따로 사는, 한 지붕 세 가족 같은 지방 삼형제에 대해 알아보기로 하자. 정말 중요하거든."

"한 지붕 세 가족이요?"

나는 왠지 재미있을 것 같아 귀가 솔깃해졌습니다만, 아빠에게 들은 내용은 적잖이 심각한 것이기도 했습니다.

먼저 지방 삼형제 중 맏이는 구수한 냄새로 우리를 유혹하는 '포화지방' 입니다. 갖가지 성인병과 비만을 불러일으키는 천덕꾸러기죠. 어느 것이 포화지방인지 알 수 있는 가장 쉬운 방법은 평상시 온도에서 딱딱하게 굳어 있는 지방을 가려내면 됩니다. 즉, 쇠기름이나 돼지기름, 닭 껍질, 버터 등이 그것이죠. 그러니 생선을 뺀 대부분의 동물성 지방

이 포화지방이라고 생각하면 됩니다.

하지만 허연 돼지기름이라고 해서 100% 포화지방으로만 되어 있는 건 아닙니다. 다만 전체 지방 중 포화지방이 차지하는 비율이 불포화지방 비율보다 훨씬 높을 뿐이죠. 따라서 과자나 라면, 초콜릿, 커피 프림 등에 많이 들어 있는 팜유나 코코넛유처럼 식물성 기름이지만 포화지방의 비율이 더 높은 것도 있습니다.

지방 삼형제 중 둘째는 혈관 건강에 좋아 웰빙 지방이라고도 불리는 '불포화지방' 입니다. 포화지방과는 달리 평상시 온도에서 액체 상태이므로 흔히 기름이라고 불리는 것들이에요. 올리브유, 콩기름, 참기름, 들기름 등의 식용유와 고등어, 정어리, 꽁치, 청어 같은 등 푸른 생선에 들어 있는 지방이 바로 그것들이죠.

지금으로부터 약 30여 년 전 덴마크의 의학자인 '다이아베르크' 박사는 이상한 현상을 한 가지 발견했습니다. 야채나 과일, 곡식을 거의 먹지 않고 생선이나 물개 등 지방이 많은 음식만 먹는 에스키모들이 혈관 질환에 잘 걸리지 않는다는 걸 알아낸 거죠. 그 까닭은 생선 기름에 들어 있는 불포화지방이 혈관 질환을 예방해 주었기 때문이었어요.

마지막으로 지방 삼형제 중 막내는 한창 문제아 취급을 받고 있는 '트랜스지방' 입니다. 트랜스 지방은 '트랜스(trans)' 란 단어가 뜻하는 것처럼 뭔가가 '바뀐' 지방입니다. 참기름이나 올리브유 같은 식물성 기름은 공기 중에서 맛과 색이 변하기 쉬우므로 이를 막기 위해 수소를 첨가해 마가린이나 쇼트닝 같은 고체나 반고체 상태의 기름으로 만들거든요. 이렇게 바꾸는 과정에서 생기는 게 트랜스지방인 거죠. 즉, 트랜스지방은 무늬만 식물성 지방과 불포화지방이지 실제로는 동물성 지방의 포화지방처럼 혈관 건강에 해롭습니다.

특히 튀김요리를 할 때 식물성 기름을 쓰게 되면 산화되어 쉽게 부서지므로 트랜스지방이 함유된 식물성 기름을 많이 사용합니다. 프렌치프라이나 치킨 같은 패스트푸드에 트랜스지방이 많은 것도 바로 그 때문이지요.

트랜스지방은 몸에 해로운 콜레스테롤 수치를 높이고

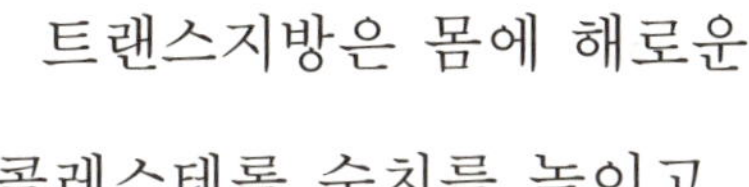

이로운 콜레스테롤 수치는 낮추므로 포화지방보다 더 나쁜 지방으로 알려져 있습니다. 때문에 미국과 캐나다에서는 식품의 영양 표시 항목에 트랜스지방 함량을 반드시 표기하도록 하고 있습니다. 또 미국 뉴욕시 보건위원회는 인체에 해로운 트랜스지방의 사용을 전면 금지하기도 했어요. 그러니 지방 삼형제만 자세히 알아도 패스트푸드를 왜 많이 먹지 않아야 하는지 그 까닭이 분명해지는 거죠.

'초원의 집'에 알맞은 우리 몸

시간이 갈수록 나 같은 소아 비만 어린이의 문제점도 속속 드러났습니다. 단지 움직이기 불편하다거나 겉보기에 좋지 않다는 점뿐만이 아니었어요. 뚱뚱한 사람의 경우 정상인에 비해 질병이 생길 위험도가 고혈압은 4배, 당뇨병은 무려 10배나 높다고 합니다. 또 체중이 정상에 비해 25% 높으면 사망률은 39%나 증가한다고 해요.

'혈압'이란 혈관 속으로 흐르는 혈액이 혈관 벽을 미는 압력인데, 고혈압은 평균 혈압보다 높은 증세를 말합니다.

고혈압은 시작된 뒤에도 아무런 증상이 없지만, 심해지면 혈관이 막히거나 터져서 심장 질환이나 뇌졸중을 일으킬 수 있으므로 주의해야 합니다.

이에 비해 당뇨병은 몸속으로 들어온 당분을 충분히 흡수하지 못하고 소변으로 그대로 내보내 혈당치가 높아지는 질병입니다. 따라서 피로를 자주 느끼고 체중이 줄며, 동맥경화와 시력 저하 등 여러 가지 질병을 불러오기도 합니다.

아직 어린아이니까 그런 일들과는 별 상관이 없다고요? 하지만 어릴 때 비만이 생기면 세포 수가 늘어나 어른이 되어서도 비만이 되기 쉽습니다. 또 앞에서도 말했듯이 요즘은 비만이 생긴 어린이에게도 당뇨병이나 고혈압 등 주로 어른들이 걸리는 성인병 증상이 흔히 나타난다고 합니다. 그러니 아빠의 말씀에 따를 수밖에요.

사진 속 전통 밥상에 차려진 음식을 찬찬히 살펴봅니다. 갖가지 나물과 된장찌개, 김치……. 과연 저런 '초원의 집'에서 먹을 것 같은 음식만 먹고도 학교와 학원을 오갈 수 있을까요? 뿐만 아니라 저녁마다 아빠와 함께 운동장을 뛸 수 있는

체력을 유지할 수 있을까요?

"우리 조상들은 주로 곡식과 채소만 먹고도 잘 살아왔어. 어찌 보면 사람은 해부학적으로도 채식에 적합한 구조를 지니고 있다고 할 수 있지."

내 고민을 눈치라도 챘는지 아빠는 인간에게 채식이 적합한 이유에 대해 설명하기 시작했습니다.

"다른 동물을 잡아먹고 사는 호랑이나 사자의 이빨을 본 적 있지? 그런 육식동물들은 다른 동물의 살을 뜯어 먹기 위해 뾰족하고 강한 송곳니가 발달되어 있는 거야. 하지만 초식동물들은 식물을 씹어 먹기 위해 상하좌우 운동을 하는 어금니가 발달되어 있지."

가만히 생각해 보니 정말 아빠 말처럼 우리 인간도 음식물을 씹을 때 초식동물처럼 상하좌우 운동을 합니다. 어금니가 없어서 단순히 상하 운동만 하는 육식동물하고는 확실히 다르죠.

또 초식동물과 육식동물은 소화 기관의 생김새도 다르다고 합니다. 동물의 살은 빨리 썩으므로 몸 안에 오랫동안 머물면 피를 오염시키고 많은 독성 물질을 만들어 냅니다. 때문에 사자나 늑대는 몸길이 3배 정도의 매우 단순하고 짧은 소화 기관을 갖고 있습니다. 그 생김새도 내부가 아주 매끈해서 동물의 살이 달라붙기 어렵죠.

그에 비해 초식동물은 질긴 식물을 완전히 소화시키기 위해 소화 기관이 몸길이의 8~10배 정도로 매우 깁니다. 또 먹은 음식의 흡수율을 높이기 위해 소화 기관의 생김새도 내부에 많은 굴곡이 있죠. 인간의 내장도 이처럼 길고 굴곡이 많은 걸 보면 틀림없이 채소와 곡류를 소화시키기에 적합한 구조입니다.

위의 산도를 비교해 보아도 마찬가지입니다. 육식동물의 위는 초식동물보다 10배나 강한 염산을 분비합니다. 그건 온갖 세균이 득실거리는 동물의 살을 높은 산도로 살균해야 하기 때문이죠. 하지만 식물을 먹는 초식동물은 살균할 필

요가 거의 없으므로 위의 산도가 그다지 높지 않습니다. 인간도 초식동물과 비슷한 위의 산도를 지니고 있다고 하네요.

그럼 채식을 주로 해 온 우리 민족에 비해 육식을 많이 하는 서양인들의 경우는 어떻게 된 것일까요? 그에 대한 해답은 동양인과 서양인의 다른 체형에 숨어 있습니다.

우리나라 사람의 신체 구조를 보면 허리가 길고 다리가 짧은 편입니다. 채소나 곡식을 주로 먹어 왔

으므로 장이 길게 발달해 허리가 길어진 것이죠. 이에 비해 오랜 세월 육식 위주의 음식을 먹은 서양인은 동양인에 비해 장이 짧아서 허리가 짧은 편입니다. 그래서 상체보다 하체가 길어 보이는 체형이 된 거죠. 아빠의 설명을 듣고 보니 이제 더 이상 패스트푸드를 고집할 이유도, 전통 밥상 속의 음식을 거부할 핑계도 없어져 버렸습니다.

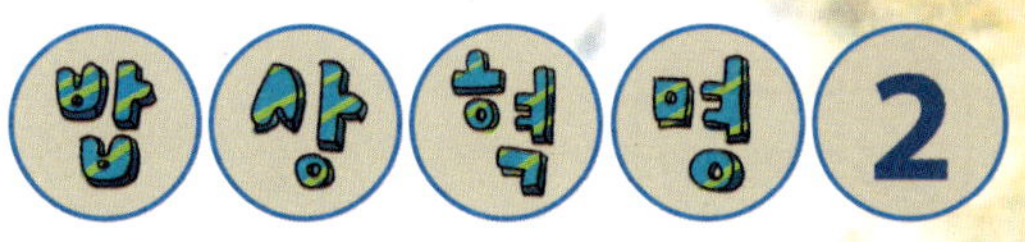

완벽한 영양 식품, 쌀

　밥상에서 가장 중요한 주인공은 누가 뭐래도 밥입니다. 주식인 밥을 먹기 위해 여러 가지 반찬들이 곁들여지는 거죠. 그러나 아무리 '밥이 보약' 이라고 해도 딱 한 가지 단점이 있습니다. 바로 맛이 없다는 겁니다.

　밥이 좋은 줄은 알고 있지만 밋밋한 그 맛이 싫어서 나처럼 밥을 먹기 싫어하는 친구들도 적지 않습니다. 그러니 자연히 밥보다 더 맛있는 빵이나 라면, 햄버거에 눈이 돌아갈 수밖에요.

　빵과 라면, 그리고 햄버거……. 그러고 보니 그것들은 모두 밀가루로 만든 음식이네요. 자, 그럼 이제 아빠가 들려주는 쌀과 밀의 한 판 대결 속으로 들어가 볼까요?

"밥이 맛이 없다니 천만의 말씀! 그건 네가 아마 밥알을 오래 씹지 않고 삼켜서 그럴 거야. 밥은 씹으면 씹을수록 단맛이 나. 아주 오랫동안 씹다 보면 단맛과 더불어 고소한 맛까지 느낄 수 있지."

아빠는 내가 보는 앞에서 밥을 한 숟가락 가득 입안에 넣습니다. 나도 아빠를 따라 아무 반찬 없이 밥만 넣고 입을 오물거리며 씹어 보았습니다. 그런데 자꾸자꾸 씹으니 정말 아빠 말처럼 단맛이 느껴지는 게 아니겠어요? 구수한 밥 냄새와 함께 입안에 감도는 단맛에 나도 모르게 고개를 끄덕였습니다.

초라한 밥상의 교훈

사실 밥을 오래 씹어서 먹으라고 하는 것에는 몇 가지 이유가 있습니다.

첫째, 오래 씹을수록 밥알이 잘게 부서져 소화가 잘 됩니다. 둘째, 오래 씹으면 침이 많이 나오게 됩니다. 침은 아주 훌륭한 천연 소화제입니다. 특히 밥 같은 전분을 분해시키는 능력이 아주 뛰어납니다. 또 세균을 없애 주는 작용을 하고 치아를 단단하게 해 주는 역할도 하죠. 거기에다가 밥을 오래 씹어 먹으면 소식을 할 수 있습니다. '소식'이란 음식을 적게 먹는 습관을 일컫는 말인데 건강에 좋다고 해요.

하지만 밥이 좋다고 해도 아무도 알아주지 않으면 소용이 없습니다. 그에 대해 아빠는 일본 도쿄 근처에 있는 유즈리하라 마을에서 일어난 일을 들려주었습니다.

'유즈리하라'는 그루지아의 '코카스' 마을, 파키스탄의 '훈자' 마을, 중국의 '위그루' 마을, 스페인의 '루르드' 마을, 남미의 '빌카밤바' 마을과 함께 세계 6대 장수촌으로 꼽히는 장수 마을입니다. 그런데 이 마을에서 기이한 일이

벌어졌습니다. 70~80세 노인들은 논밭에서 건강하게 일을
하는데 반해 그보다 젊은 40~50대는 갖가지 질병에 시달리
게 된 거죠. 따라서 늙은 부모들이 젊은 자식들의 장례식을
치러야 하는 일이 많아질 정도로 전통적인 장수 마을로서의
명성을 잃어 가게 되었습니다.

과연 그 원인은 어디에 있었을까요? 해답은 바로 식생활
의 변화에 숨어 있었습니다. 1950년대 이후 산골 마을인 유
즈리하라에도 고속도로가 뚫리고 산업화의 바람이 불기 시
작하자 젊은 세대들은 자연히 빵과 고기, 우유, 가공 식품
같은 서구 식품을 즐겨 먹게 되었습니다. 잡곡밥과 제철에
나는 채소와 산나물 같은 장수촌의 전통 음식을 멀리 한 거
죠. 즉, 옛날 방식의 초라한 밥상을 지켜 온 노인들은 건강
을 유지한 반면, 풍요로워 보이는 서양 식생활에 젖은 젊은
이들은 나이가 들면서 몸이 허약해져 버린 것입니다.

우리는 보통 몸이 건강해지려면 영양분이 많은 음식을,
또한 많이 먹어야 한다고 생각합니다. 그러나 유즈리하라
마을의 사례는 그것이 얼마나 잘못된 생각인지 잘 가르쳐
주었습니다. 아빠는 특히 이 마을의 사례에서 꼭 기억해야

할 게 있다며 이렇게 말했습니다.

"여기 석탄난로가 있다고 생각해 봐. 그럼 석탄난로를 따뜻하게 하기 위해선 어떤 연료를 넣고 불을 피워야 하지?"

"당연히 석탄이죠."

"맞았어. 바로 그거야. 석탄난로에는 석탄을 넣어야 가장 좋다는 거야."

난데없이 석탄난로 이야기를 하는 아빠를 보며 나는 어리둥절할 수밖에 없었습니다. 하지만 이어지는 아빠의 설명을 듣고 그제야 고개를 끄덕였어요.

우리 동양인의 몸을 석탄난로에 비유한다면 추운 지방에서 오랫동안 살아온 서양인들의 몸은 석유난로나 가스난로라는 겁니다. 왜냐 하면 추운 지방에서는 그만큼 열이 더 필요하기 때문이죠. 따라서 서양인들은 열량이 비교적 높은 육식 위주의 식생활을 하고, 동양인은 열량이 적은 채식 위주의 식생활을 해 온 겁니다.

이제 석탄난로에는 석탄을 넣어야 좋다는 아빠의 말을 이해할 수 있겠죠? 그 말은 우리 동양인(석탄난로)에게는 오랫동안 우리 몸에 배인 쌀과 채식 위주의 음식이 가장 좋다는 뜻입니다. 만약 석탄난로에 석유나 LPG 가스를 넣으면 당연히 문제가 생기지 않을까요?

　자, 이번에는 쌀과 밀가루의 대결입니다. 둘 다 우리가 흔히 먹는 음식의 재료이지요.

　그럼 우리 조상들이 예로부터 귀하게 여겨온 쌀이 몸에 더 좋을까요, 아니면 서양인들이 많이 먹는 밀가루가 더 좋을까요? 1960년대 중반 우리나라에서는 국민들에게 분식 먹기를 권하면서 쌀보다 밀가루에 더 영양분이 많다고 홍보하기도 했습니다. 하지만 과학 실험 결과 그것은 사실이 아님이 밝혀졌습니다.

일본 도쿄에 있는 해양대학에서는 실험용 쥐들에게 밀가루와 쌀가루로 만든 사료를 각각 먹인 뒤 어느 그룹의 쥐들이 더 뛰어난 체력을 보이는지 실험해 보았습니다. 쥐꼬리에 추를 매달아 물에 빠뜨린 뒤 어느 쪽이 더 오래 헤엄칠 수 있는지 비교한 것이죠.

그러자 흥미로운 결과가 나왔습니다. 밀가루 사료를 먹은 쥐들은 물에서 약 200초 정도 버틴 데 비해 쌀가루 사료를 먹은 쥐들은 그 두 배인 400초 정도를 헤엄치는 것으로 나타났거든요. 즉, 빵을 먹는 것보다 밥을 먹으면 훨씬 더 체력과 지구력에서 앞설 수 있다는 뜻이 되는 거죠.

그런가 하면 고기를 먹을 때도 밀가루 음식보다는 밥과 함께 먹는 것이 훨씬 좋습니다. 이 또한 쥐를 대상으로 한 실험에서 그 사실이 증명되었어요. 한 그룹의 쥐들에게는 기름을 먹인 뒤 밀가루를 먹이고, 또 다른 그룹의 쥐들에게는 기름을 먹인 뒤 쌀을 각각 먹였습니다. 약 3시간이 지난

뒤 두 그룹의 쥐들에 대한 중성지방 농도를 측정한 결과, 밀
가루를 먹인 쥐에 비해 쌀을 먹인 쥐의 중성지방 수치가 낮
은 것으로 나타났습니다. 이는 밀가루보다는 쌀이 지방의
흡수를 더욱 효과적으로 차단한다는 뜻입니다. 따라서 고
기나 기름진 반찬을 먹을 때는 빵보다는 밥과 함께 먹는 것
이 지방 섭취를 줄일 수 있는 길이 되는 것입니다. 쓸데없는
지방의 흡수를 막아 주니까 그만큼 비만의 위험도 줄어들게
되는 거죠.

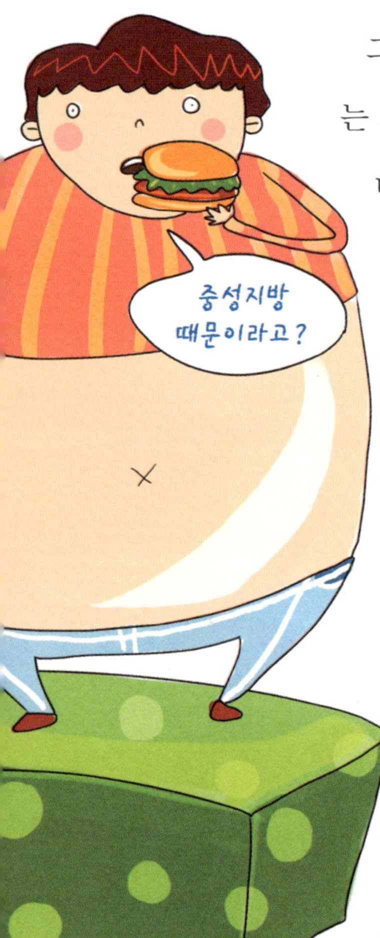

그런데 중성지방이 뭐냐고요? '중성지방' 은 물에 녹지 않는 지방으로 우리 몸에 꼭 필요한 에너지원 가운데 하나입니다. 하지만 중성지방 수치가 필요 이상으로 높아지면 몸에 해로운 저밀도 콜레스테롤도 많이 생겨 결국 동맥 경화나 당뇨병을 일으킨대요. 다시 말해 너무 많은 중성지방이 우리 몸에 들어오면 주로 배에 있는 지방 세포에 쌓이면서 혈관에 부담을 주는 골칫거리가 된다는 것이지요.

쌀밥을 찾는 서양인들

잠깐 쉬어 가자는 뜻에서 내가 여러분에게 퀴즈 하나를 내 보겠습니다. 쌀 한 톨에 글자를 쓴다면 과연 몇 자나 새겨 넣을 수 있을까요? 참고로 우리나라 타악기 연주자로서 이름을 떨친 '김대환' 이라는 분이 이 분야의 세계 기네스 기록을 세운 적이 있습니다.

그럼 한 번 알아맞혀 보세요. 2자? 아니면 세계

기록이라니까 10자 정도? 내가 찾아본 바에 따르면 정답은 놀랍게도 283자입니다. 가로 4.5㎜, 세로 2㎜, 두께 1.5㎜에 불과한 쌀 한 톨에 김대환 선생님은 불교의 '반야심경' 전문과 연도, 게다가 자기 이름 3자까지 모두 283자의 글자를 새겨 넣었다고 합니다. 정말 상상하기 힘든 놀라운 일이죠.

알고 보면 우리가 하찮게 여기는 쌀 한 톨에도 이처럼 아주 깊은 뜻이 담겨 있습니다. 그건 쌀을 뜻하는 한자 '미(米)'를 보면 잘 알 수 있어요. 벼 이삭을 본떠 만든 상형문자 '米'의 자획을 풀어서 나누어 보면 가운데의 '十'과 위 아래로 '八'자가 2개 붙은 모양이 됩니다. 즉, '八十八'이 되는 거죠. 이는 농부가 모를 심어 가을에 쌀 한 톨을 얻기까지 무려 88번의 손길을 거쳐야 한다는 데서 유래했다고 합니다. 그래서 88세가 된 어르신의 나이를 다른 말로 '미수(米壽)'라고 하기도 합니다. 88을 나타내는 '米' 자를 넣어 축복의 뜻으로 일컫는 말이죠.

이런 쌀의 깊은 뜻이 널리 알려진 탓인지 요즘은 서양에서도 쌀을 먹는 사람들이 부쩍 늘고 있다고 합니다. 프랑스에서는 매년 쌀 소비량이 50%씩 느는가 하면 미국에서도

최근 쌀 소비량이 2배로 늘었다고 합니다. 이제 쌀밥을 숟가락으로 떠 먹는 모습을 세계 어디서든 흔히 볼 수 있게 될지도 모르는 거예요.

"두리는 쌀을 찾는 서양인들이 왜 그처럼 많아진다고 생각하니?"

아빠가 내게 질문했습니다. 나는 기다렸다는 듯 자신 있게 대답했어요.

"그건 쌀이 건강에 좋다는 걸 그들도 알았기 때문이에요. 앞의 과학 실험에서도 알 수 있듯이, 쌀은 지구력을 높여 주고 지방의 흡수를 막아 주는 역할을 하잖아요. 뿐만 아니라 소화가 잘 되며 변비와 당뇨병을 예방하는 등 좋은 점이 아주 많아요. 또한 영양 면에서도 쌀은 탄수화물과 단백질의 균형을 이루어 주는 최고의 음식 재료라고 했어요. 이런 장점을 알아본 서양인들이 비로소 쌀에 주목하고 있는 것 아닐까요?"

내가 생각해도 놀랄 만큼 말이 술술 풀려 나왔습니다. 역시 자료를 찾아보길 잘했다는 생각이 절로 들었어요. 아빠는 대견스러운 듯 미소를 지어 보이며 다시 물었습니다.

"아주 정확하게 설명했어. 그럼 서양에서는 쌀 소비가 늘어나는데 우리나라는 어떨까?"

아빠는 1970년대 한국인의 한 해 쌀 소비량이 1인당 130kg 이상이었으나 점점 줄어들어 2006년에는 78.8kg에 불과하다는 통계 자료를 보여주었습니다. 우리나라의 식탁에서는 밥이 오히려 줄어들고 있는 추세인 것입니다. 1년에 78kg이면 하루에 두 공기가 채 안 되는 밥을 먹고 있는 셈이에요.

대신에 라면 같은 인스턴트 식품과 빵, 패스트푸드 등을 찾는 사람들이 많아지면서 밀가루 소비는 계속 늘고 있다고

합니다. 원래 서양 사람들의 주식인 밀은 알곡으로 그냥 먹기 어려운 거친 곡물입니다. 쌀하고는 정반대인 거죠. 따라서 가루를 내 빵을 만들어 먹는데, 쌀과 달리 맛이 없으므로 거기에 달걀이나 설탕을 넣어서 먹게 된 것입니다.

한편 밀에는 '글루텐'이라는 단백질이 들어 있습니다. 밀가루 반죽을 발효시키면 부풀어 오르는 것도 바로 이 글루텐 때문이죠. 빵을 만드는 데 밀이 가장 적당한 까닭도 바로 거기에 있습니다. 그런데 글루텐은 어떤 사람들에게 알레르기를 일으키는 것으로 밝혀졌습니다. 의사들이 아토피나 알레르기성 비염이 심한 사람들에게 밀가루 음식을 피하라고 하는 것도 그 때문이에요.

이에 비해 쌀은 알레르기 반응이 가장 적은 식품 가운데 하나입니다. 어떤 조사 결과에 따르면 우유나 달걀, 돼지고기, 밀가루 등에 대해서는 각각 10%가 넘는 사람들이 알레르기 반응을 보인 반면, 쌀은 그 수가 2.7%밖에 되지 않았다고 해요. 따라서 서양에서는 알레르기 질환을 앓고 있는 환자들에게 일부러 쌀을 권하고 있을 정도입니다.

또 쌀은 밀이나 감자 등의 다른 곡류보다 뚱뚱보로 만드는 비율이 낮은 식품으로도 알려져 있습니다. 실제로 미국 듀크대학에서는 남녀 545명에게 밥을 주로 먹는 쌀 다이어트 프로그램을 실시한 적이 있답니다. 그 결과 여성은 평균 8.6kg, 남성은 평균 13.6kg의 체중 감량에 성공했다고 해요. 지금보다 밥을 훨씬 많이 먹은 옛날에 오히려 뚱뚱보가 적었던 이유를 이제 알 것도 같습니다.

벼농사의 원조는 우리나라

알고 보면 사실 쌀만큼 완벽한 곡물도 별로 없습니다. 지금이야 농사 기술이 발달해 쌀이 흔해졌지만, 예전에는 아주 귀한 사치품 취급을 받았습니다. 웬만한 가정에서는 쌀밥 구경을 하기 힘들 정도였죠.

그 까닭은 벼가 재배하기 아주 까다로운 작물이었기 때문입니다. 쌀 미(米)자가 뜻하는 것처럼 88번의 손길을 거칠 정도로 많은 노동력과 인내를 필요로 하는 작물이었죠.

"그럼 혹시 벼농사의 원조가 우리나라라는 사실을 알고 있니?"

아빠의 말에 따르면, 이런 사실은 지난 1998년 4월 충북 청원군 옥산면 소로리에 있는 구석기 유적지에서 볍씨 59톨이 발견되면서 밝혀졌다고 합니다.

벼농사의 시초는 이제껏 중국을 중심으로 발달한 것으로 알려져 왔습니다. 황하 유역과 양자강 유역에 있는 유적에서 발굴된 볍씨들이 그 사실을 증명해 주었죠. 또 중국 후난 성 유적에서 출토된 볍씨가 1만 1천 년 전의 것으로 밝혀지면서 국제적으로 가장 오래된 벼로 인정받기도 했습니다.

그러나 우리나라에서 발견된 소로리 볍씨는 '탄소 연대 측정법' 으로 조사한 결과 약 1만 3천~1만 5천 년 전의 볍씨로 밝혀졌습니다. 이제까지 발견된 볍씨 중 세계에서 가장 오래된 것으로 판명되었죠.

그럼 혹시 이 볍씨는 농사를 짓던 것이 아니고 야생에서 스스로 자라난 벼가 아닐까요? 왜냐 하면 1만 5천 년 전은 구석기 말 빙하기 끝 무렵인데, 아열대 식물로 알려진 벼가 그런 추운 기후에서도 자랄 수 있었는가 하는 의문이 들기 때문입니다.

확인해 본 결과, 소로리 볍씨는 세계에서 가장 오래된 재배 벼의 볍씨가 분명한 것으로 나타났습니다. 벼 줄기에 볍씨가 달리는 꼭지 부분을 분석해 보니 연장으로 베어 낸 흔적이 있었으며, 소로리에서 발굴된 다른 유물 가운데서도 곡물을 재배할 때 쓴 연장으로 추측되는 '흠날 연모' 가 발견되었기 때문입니다.

그뿐만이 아닙니다. 냉해 실험을 통해 벼가 자랄 수 있는 최저 온도를 실험해 본 결과 13도에서도 70% 이상이 발아된다는 연구 결과를 얻었습니다. 즉, 소로리 볍씨는 야생 벼에서 재배 벼로 넘어가는 중간 단계의 '순화 벼'인데, 그 당시의 추운 기후에서도 벼의 재배가 가능했다는 결론을 얻은 셈입니다.

"이로써 벼가 중국에서 들어왔다는 지금까지의 학설을 뒤엎고 오히려 벼농사의 원조는 한반도라는 학설이 가능해졌어. 어때, 두리야. 세계에서 벼농사를 가장 먼저 시작한 대한민국이 정말 자랑스럽지 않니?"

아빠의 설명을 듣고 보니 정말 그런 것 같습니다. 그런데 원조 국가에서의 쌀 소비는 점점 줄고 쌀의 소중함을 잘 몰라주고 있다니 쌀의 입장에서는 정말 억울할 것 같기도 했어요. 그러니 이제는 우리 친구들이 나서서 이런 쌀의 억울함을 없애 주고 사랑해 줘야 하지 않을까요?

백미와 현미의 차이

"우리 두리도 이젠 제법인데? 쌀을 사랑하자는 말까지 하고 말이야."

아빠는 나를 바라보며 활짝 웃었습니다. 밥보다 햄버거와 라면을 훨씬 좋아하던 내게 그런 말이 나왔으니 놀랄 만도 하죠. 하지만 아빠의 다음 말에 나는 조금 당황할 수밖에 없었습니다.

"그럼 백미로 지은 하얀 쌀밥이 좋을까, 아니면 누르스름한 현미밥을 먹어야 할까?"

사실 나는 쌀밥이라고 하면 하얀 쌀밥만 먹어 보았지 현미밥을 먹어 본 적은 거의 없습니다. 어쩌다 시골 할아버지 댁에 가면 현미밥을 내놓긴 하지만, 꺼칠꺼칠한 맛이 싫어서 입에 잘 대지도 않았거든요. 더구나 현미가 백미와 어떻게 다른 것인지도 잘 모르고요. 이런 내 속마음을 알아차렸는지 이번에는 엄마가 대신 입을 열었습니다.

"그야 당연히 현미밥을 먹어야죠. 그렇지 않아도 지금 먹고 있는 쌀이 다 떨어지면 현미를 사려고 했는데."

엄마는 아빠를 향해 미소를 지어 보이고는 나한테 현미와 백미의 차이에 대한 설명까지 덧붙였습니다.

"현미는 수확한 벼를 건조시켜 탈곡한 뒤 고무롤러로 된 기계로 겉껍질만 벗겨낸 쌀이야. 그에 비해 백미는 현미를 한 번 더 도정해 속껍질과 쌀눈까지 없앤 쌀이지."

여기서 '도정'이란 낟알을 찧어 껍질을 벗겨내는 작업을 말한다고 합니다. 즉, 현미는 1차 도정을 한 쌀이고, 백미는 2차 도정까지 하여 하얀 알맹이만 남은 쌀이죠. 왕겨만을 제거한 현미와 쌀눈과 속껍질까지 완전히 제거한 백미는 과연 어떤 차이가 있을까요?

"그건 아주 간단해. 땅에 심어 보면 되니까 말이야. 현미를 땅에 심으면 싹이 나오지만 백미는 땅에 심어도 싹이 나오지 않아. 쌀눈이 없으니까 당연히 싹을 틔울 수 없지."

엄마 말대로라면 현미는 살아있는 음식인

반면, 백미는 죽은 음식인 셈입니다. 앞에서 쌀이 우리 몸에 좋다고 한 것도 단순히 백미가 아니라 현미를 말한 것입니다. 그럼 왜 맛있는 백미밥보다 꺼칠꺼칠하고 누르스름한 현미밥이 더 좋은 걸까요?

우선 2차 도정을 할 때 백미에서 떨어져 나가는 쌀눈은 영양의 보고라 할 만큼 중요한 부분입니다. 단백질과 비타민, 지질 같은 영양소가 매우 풍부하게 들어 있죠. 쌀눈에만 쌀한 톨에 든 전체 영양소의 66%가 들어 있다고 하니 백미를 먹는 것은 영양분을 다 빼 버리고 먹는 것이나 다름없습니다.

또 속껍질과 호분 층이 그대로 남아 있는 현미는 백미에 비해 식이섬유가 9 배 많습니다. '식이섬유' 란 사람의 소화 효소가 분해하지 못하는 탄수화물입니다. 따라서 예전에는 우리 몸에 필요치 않은 물질로 여기기도 했어요. 우리 몸 안에 들어와도 소화가 되지 않으니 그렇게 생각할 수밖에요.

그러나 이제 식이섬유는 우리들의 건강을 유지하는 데 없어서는 안 될 중요한 영양소로 각광 받고 있습니다. 무엇보다 비만 치료와 예방에 효과가 있는 것으로도 알려져 있죠. 또 장에서 소화, 흡수되지 않으니 대변 양을 늘려 변비를 막아 주고, 장 속 유해 물질을 흡착시켜 함께 배설하기도 합니다.

뿐만 아니라 식이섬유는 장 속에서 콜레스테롤이 흡수되는 것을 막아 혈중 콜레스테롤 농도를 낮추는 역할도 합니다. 고혈압인 우리 아빠가 특히 현미밥을 먹어야 하는 이유가 바로 거기에 있어요. 그밖에도 현미에는 노화 방지에 효과가 있는 식물성 기름과 리놀레산, 비타민 등이 풍부하게 들어 있어 영양학의 눈으로 보아도 완벽한 식품이라고 할 만합니다. 현미만 먹어도 영양실조에 걸리지 않는다는 말이 있을 정도죠.

엄마 말을 듣고 보니 씹기가 좀 힘들고 당장 입맛에 맞지 않긴 해도 이제부터는 나도 현미밥을 먹어야겠다는 결심이 섰습니다. 이처럼 쌀에 대해서만 정확히 알아도 우리 몸이 정말 건강해질 것 같지 않나요?

참, 그리고 보니 빼먹은 게 하나 있네요. 벼는 우리 몸에 좋은 쌀만 주는 게 아니라 환경에도 큰 공헌을 한다는 사실을 말이에요.

논은 우리나라 국토의 약 10%를 차지합니다. 따라서 전국의 논에서 벼가 자라며 배출하는 산소의 양은 연간 1천 6백만 톤에 이른다고 하지요. 그 정도면 5천 8백만 명이나 되는 사람들이 1년 동안 숨쉴 수 있는 양인데, 우리나라 인구 전체가 실컷 마시고도 남겠죠.

그뿐만이 아닙니다. 논에는 벼가 먹고 자랄 수 있는 물을 항상 채워 놓아야 합니다. 그로 인한 논 전체의 홍수 조절 능력은 약 23억 톤에 달합니다. 게다가 논 밑 지하수의 양은 약 158억 톤인데, 우리나라 국민의 연간 수돗물 사용량의 2.7배에 달합니다. 쌀은 이래저래 우리에게 도움을 주는 고마운 음식인 셈이에요.

무쇠솥의 비밀

밥을 짓는 도구는 시대에 따라 다양하게 변해 왔습니다. 장작을 때던 옛날에는 부엌에 있는 커다란 가마솥에다 밥을 했고, 연탄불을 쓰던 시절에는 냄비에 밥을 하기도 했습니다. 요즘엔 가스레인지에다 압력솥으로 밥을 짓거나 전기 밥솥을 주로 쓰고 있죠.

그럼 이 가운데 가장 밥맛이 좋은 건 뭘까요? 이를 알아보기 위해 국립중앙과학관에서 실험을 했습니다. 일반인 4백 명 가운데서 신맛, 단맛, 쓴맛, 짠맛을 잘 판별하는 시식단 10명을 선발했습니다. 그런 다음 무쇠솥과 냄비, 압력솥, 전기밥솥, 돌솥에 각각 밥을 지어 먹게 하고 점수를 매기게 한 거죠.

그 결과 밥맛이 좋은 것은 무쇠솥 밥, 돌솥 밥, 압력솥 밥, 전기밥솥 밥, 냄비솥 밥 순으로 나타났습니다. 오래 전부터 우리 부엌을 지켜 온 무쇠솥의 명성이 다시 한 번 확인되는 순간이었지요. 그럼 무쇠솥이 밥을 맛있게 짓는 비밀은 과연 무엇일까요?

그 비밀과 원리는 다름 아닌 예로부터 전해 내려온 겨레 과학에 숨어 있었답니다. 무쇠솥의 솥뚜껑은 웬만한 장정

도 번쩍 들어 올리기 힘들 만큼 무겁습니다. 때문에 부엌에

서 밥을 짓던 옛날 여인들은 솥을 열 때 솥뚜껑을 들어 올리

지 않고 단지 뚜껑을 슬며시 옆으로 밀어야 했죠.

솥뚜껑을 무겁게 만든 것도 다 까닭이 있습니다. 일부러 고생시키려고 그런 게 아니라 밥맛을 좋게 하기 위해서였어요. 보통 물은 1기압에서 100℃가 되면 끓기 때문에 그 이상으로는 온도가 올라가지 않습니다. 하지만 무거운 솥뚜껑으로 인해 솥 안의 수증기가 밖으로 빠져 나가지 못하면 무쇠솥 안의 기압은 1기압 이상으로 올라갑니다. 기압이 커지면 끓는점도 높아지므로 그렇게 되면 물의 온도도 100℃ 이상으로 올라가 높은 온도에서 쌀을 빠르게 익힙니다. 때문에 무쇠솥에다 지은 밥은 윤기가 흐르고 밥맛도 좋아지게 되죠.

그게 다가 아닙니다. 또 하나의 비밀은 무쇠솥의 특이한 구조에 숨어 있습니다. 무쇠솥의 바닥은 가운데가 두껍고 가장자리로 가면서 점차 얇아지는 구조로 되어 있습니다. 보통 바닥이 가장자리보다 2배 정도 두껍죠. 또한 바닥의 표면적이 매우 넓고 완만한 곡선을 그리는 것도 특징 가운데 하나입니다.

이 또한 열전도 현상을 효과적으로 이용하기 위해 그렇게 만든 것입니다. 불에 가장 가까이 닿는 부분은 두껍게 하고 먼 부분은 얇게 하여 열이 고르게 솥 안에 전달될 수 있도록 한 것이죠. 이처럼 바닥 전체에 열이 고르게 전달되어 내부 온도가 일정하게 유지돼 무쇠솥은 맛있는 밥을 만들 수 있었습니다. 밥을 짓는 무쇠솥 하나에도 이런 과학 원리가 숨어 있을 줄은 정말 몰랐네요.

김치는
우리 민족 최고의 발명품

"아빠, 조류독감이 뭐예요?"

요새도 가끔 신문과 방송에서는 조류독감 문제로 시끄럽습니다. 얼마 전에는 전북 익산에서 조류독감이 발생해 그 지역의 가금류를 죄다 땅에 묻는 끔직한 일이 벌어지더니, 이번에는 충남 아산에서도 조류독감이 발생했다고 합니다. 도대체 얼마나 무서운 병이기에 그렇게까지 해야 하는 걸까요?

"조류독감이란 닭이나 오리처럼 집에서 기르는 가금류와 철새 같은 야생 조류에게 감염되는 급성 바이러스 전염병이야."

아빠의 설명에 따르면, 조류독감은 사람이 걸리는 독감과 마찬가지로 공기를 통해서도 전염되는데다가, 한 번 걸리면 사망할 확률이 높아 가금류 사육 농가에 큰 피해를 주었다고 합니다. 그 때문에 조류독감이 발생하면 전 세계 대부분의 국가에서는 가금류를 도살 처분하는데, 그 나라는 닭고기와 달걀도 수출할 수 없게 된다는군요.

그런데 더욱 놀라운 것은 조류독감이 꼭 조류들만 걸리는 병이 아니라는 사실입니다. 바이러스가 변형되어 '고병원성'이 될 경우 사람에게도 전염되어 사망에 이르게 할 수도 있다는 거예요. 정말이지 그 원인조차 알 수 없는 무시무시한 병이죠.

"하지만 너무 두려워할 필요는 없어. 조류독감이 발생하는 즉시 주변 지역과 격리시키는 등 발 빠르게 조치를 취하고 있으니까 말이야. 그리고 우리에겐 무엇보다 든든한 김치가 있잖니."

든든한 김치라니 도대체 그게 무슨 말일까요? 조류독감에 대해 이야기하던 아빠가 갑자기 김치 얘기를 꺼내다니, 나는 의아할 수밖에 없었습니다. 그래서 이번에는 우리의 전통 음식 가운데 대표적인 것으로 널리 알려진 김치에 대해 알아보기로 했어요.

　김치는 조류독감뿐 아니라 몇 년 전 수많은 사람들을 공포에 떨게 한 '사스(중증급성호흡기증후군)'에도 효과가 있다고 알려지기도 했습니다. 2002년 11월 중국 광동 지역을 중심으로 발생한 사스는 홍콩과 싱가포르, 베트남, 캐나다, 미국 등 순식간에 전 세계로 퍼져 나갔죠. 하지만 중국과 가까운 우리나라에서만 유독 감염자가 발생하지 않았습니다. 그러자 외국 언론들은 한국인들이 사스에 걸리지 않는 이유는 '김치를 먹기 때문'이라고 보도하기 시작했어요. 그 때문에 한때 해외에서 김치 주문이 빗발치기도 했죠.

　사실 김치 덕에 우리나라에서 사스 환자가 발생하지 않았다는 정확한 근거는 없었습니다. 그러나 최근에 나온 연구 결과는 김치가 조류독감과 사스에 효과가 있는 것으로 나타나고 있습니다. 사스를 일으키는 '코로나바이러스'에 김치의 유산균을 투여하자 시간이 지나면서 세포가 말라비틀어졌다고 하거든요. 그런가 하면 조류독감에 걸린 닭에게 김치 추출물을 먹였더니 치료 효과를 보였다는 연구 결과도

있었습니다.

김치는 글로벌 음식

김치에 대해 기록한 문헌 중 가장 오래된 것은 약 3천 년 전에 나온 중국 최초의 시집 《시경(詩經)》입니다. 거기에 보면 '밭두둑에 외가 열렸다. 외를 깎아서 저(菹)를 담가 조상께 바치면 자손이 오래 살고 하늘의 축복을 받는다' 는 구절이 있습니다.

여기서 말하는 '저(菹)' 가 바로 김치의 시조입니다. 우리나라에서는 삼국시대 이전부터 김치가 있었을 것으로 짐작하고 있어요. 문헌으로는 고려 중엽 '이규보' 가 지은 '가포육영' 이란 시에 '염지(鹽漬)' 라는 용어로 처음 나오기도 하죠. 중국에서 배추나 무를 소금에 적신다는 뜻의 '저(菹)' 가 우리나라에서는 '지(漬)' 로 변한 것입니다. 지(漬)는 오늘날의 장아찌나 오이지처럼 짠맛이 강한 건더기만을 건져 먹는 채소 발효식품을 일컫는 말입니다.

그러면 김치란 말은 어디에서 왔을까요? 그 유래는 한자

어로 된 침채(沈菜)라는 단어입니다. '침채'란 말 그대로 채소를 소금물에 담근다는 뜻인데, 이것이 '팀채'나 '딤채'로 발음되다가 '짐채' → '김채' → '김치'로 변한 것으로 추정하는 거죠.

이처럼 우리 민족과 오래 전부터 함께해 온 김치는 주식인 밥과 궁합이 가장 잘 맞는 음식으로 꼽힙니다. 밥으로부터는 에너지를 얻고 김치의 재료인 채소로부터는 각종 비타민과 무기질을 얻을 수 있기 때문이죠. 하지만 겨울에는 채소가 나지 않습니다. 따라서 가을에 거둔 채소를 이듬해 봄까지 먹을 수 있도록 발명해 낸 것이 바로 김치입니다.

김치가 가진 또 하나의 좋은 점은 단백질이나 지방 등 열량을 내는 영양소는 적은 대신 칼슘과 인이 비교적 많이 함유되어 있다는 사실입니다. 서양 식단에서 가장 문제가 되는 것이 바로 칼슘과 인이 부족하다는 점이거든요. 그런데 쌀밥과 김치만 함께 먹어도 그런 문제점을 해결할 수 있다니 새삼 우리 조상들의 지혜에 감탄하지 않을 수 없습니다. 이처럼 좋은 음식을 우리 국민들만 먹는다는 게 괜히 미안해질 정도죠. 하지만 김치는 이제 우리나라 사람들만의 음

식이 아니랍니다. 전 세계의 많은 사람들이 김치를
즐겨 먹고 있으니까요.

"두리야, 혹시 스즈키 이치로 선수를 알고 있니?"

"물론이죠. 일본 최고의 타자로 메이저리그에 진출하자
마자 타격왕을 거머쥔 야구 선수잖아요."

"맞았어. 그런데 그 사람도 시합이 없을 때는 한국 식당을
찾아 김치를 즐겨 먹는다고 하더구나."

아빠는 이치로 선수가 가장 즐겨 먹는 한국 음식이 김치
찌개라고 알려주었습니다. 혹시 야구장에서 그가 힘차게
배트를 휘두를 수 있는 것도 김치의 힘 때문이 아닐까요? 이
제 냄새 난다고 천대 받고, 혹은 도시락 반찬 가운데서도 제
일 인기 없던 예전의 김치를 생각해서는 안 될 것 같았어요.

몇 년 전에 나온 조사 결과를 보면, 김치를 먹는 나라는
모두 111개국으로 나타났습니다. 유럽 시골 마을에 있는 슈
퍼마켓에서도 김치를 어렵지 않게 볼 수 있다고 하지요. 세
계에서 가장 많이 먹는 음식은 '굴'인데, 무려 135개국에서
먹고 있다고 합니다. 굴이 글로벌 음식 1위라면 111개국에
서 먹는 김치는 글로벌 음식 5위에 해당합니다.

하지만 여기서 짚고 넘어가야 할 게 하나 있습니다. 전 세계에서 팔리는 김치의 총 수요량 가운데 약 80%가 일본의 '기무치' 라는 사실입니다. 우리의 전통 음식인 김치가 일본의 기무치로 포장되어 더 많이 팔리고 있다니 어째 좀 억울한 기분이 들지 않나요? 그래도 너무 실망할 필요는 없습니다. 2007년 1월 1일부터 김치의 영문 표기인 'kimchi' 가 니스 국제 상품 분류 목록에 오르게 되었다니, 앞으로는 일본의 기무치를 누르고 세계적인 식품으로 발전하기를 빌어 봅니다.

　기무치는 원래 일본의 전통 야채절임 음식인 '즈게모노'의 하나였습니다. 즈게모노 중에서도 하룻밤 정도 야채를 소금에 절인 뒤 담백한 양념을 넣은 '아사즈케'와 비슷하죠. 발효를 시키지 않고 먹는 야채절임이라는 점에서 우리나라의 '겉절이'와 닮았다고 보면 됩니다. 그러다가 우리나라의 김치가 외국 시장에서 많이 팔리자 김치와 비슷하게 자기네들의 입맛에 맞게끔 바꾼 것이 바로 기무치입니다. 기무치란 이름에서도 확인할 수 있듯 김치를 일본말로 발음한 것만 봐도 알 수 있죠.

기무치의 생김새나 맛은 실제로 김치와 비슷합니다. 다만 기무치는 매운 맛이 덜하고 김치보다 달짝지근한 게 특징이죠. 또 김치처럼 자연 발효를 시키지 않고 사과산과 구연산 등 여러 가지 인공 첨가물을 넣어 부드러운 신맛을 냅니다. 그 까닭은 젖산 발효가 일어난 뒤 자연스레 생기는 신맛을 일본 사람들이 싫어하기 때문이에요.

그럼 자연 발효가 일어난 김치와 인공 첨가물을 넣은 기무치 중 어느 것에 유익한 성분이 많을까요? 이에 대해서는 일본 후지 TV에서 실험한 한국의 김치와 일본 기무치의 유산균 수 비교 결과를 보면 알 수 있습니다. 유산균은 '젖산'을 만드는 세균인데, 인간을 비롯한 포유류의 장 속에 살아요. 우리 몸속 장에는 수많은 세균이 와글와글 모여 있는데, 그 중에는 몸에 좋은 세균이 있는가 하면 몸에 나쁜 영향을 미치는 세균도 아주 많습니다. 하지만 유산균은 젖산을 만들어 장을 산성화시켜 주기 때문에 상 속에 있는 니쁜 세균의 수가 많아지지 않도록 돕고 있지요.

실험 결과는 기대 이상이었습니다. 김치에는 1g당 8억 마리가 넘는 유산균이 들어 있었지만, 기무치인 아사츠케에는

김치 vs 기무치

1g당 480만 마리가 들어 있는 것으로 나타났거든요. 우리 김치에 든 유산균 수가 일본의 기무치보다 자그마치 167배나 많았던 것입니다. 김치에는 갖가지 천연 재료가 들어가고, 김치 맛을 깊게 하는 젓갈에도 동물성 단백질이 많기 때문에 그처럼 엄청난 양의 유산균을 만들어 낼 수 있었던 것이지요. 뿐만 아니라 유산균은 위산에도 강하기 때문에 장까지 살아서 갈 수 있다는 장점도 있습니다.

김치는 발효가 생명입니다. 자연스럽게 발효가 되어야만 특유의 김치 맛을 낼 수 있으니까요. 기무치처럼 인공 첨가물을 넣으면 자연 발효를 이끄는 미생물들의 활동과 번식이 잘 되지 않기 때문입니다. 자, 이렇게 김치와 기무치의 한

판 대결은 김치의 KO 승으로 끝났습니다. 김치와 기무치 중 어느 쪽이 맛과 영양에서 더 뛰어난지 이제 분명히 알았죠?

세계에서 가장 뛰어난 채소 절임 음식

우리나라뿐 아니라 전 세계의 많은 나라에서도 김치 같은 채소 절임 음식을 오래도록 먹어 왔다는 사실을 알고 있나요?

앞에서 나왔듯이 기무치도 즈게모노라는 일본 고유의 채소 절임 음식에 그 뿌리를 두고 있습니다. 즈게모노는 아사츠케 같은 겉절이를 비롯해 일식당에 가면 나오는 생강절임, 마늘절임 같은 초절임류와 간장절임류, 단무지인 다쿠앙 등 여러 종류가 있지요. 한편 중국에는 배추나 오이를 소금이나 식초에 절인 '파오차이'라는 채소 절임 음식이 있고, 필리핀과 인도네시아에는 '아차르'라는 채소 절임 음식이 있습니다.

동양뿐만 아니라 서양에도 채소 절임 음식을 흔히 볼 수 있습니다. 대표적인 것이 피자를 시키면 나오는 '오이피클'이 그것이죠. 피클은 오이뿐만 아니라 토마토, 피망, 당근, 올리브 같은 과일과 야채를 재료로 만들기도 합니다. 특히 독일에는 양배추를 소금에 절여 만든 '사우어크라우트'라는 채소 절임 식품이 있어요. 발효되면 신맛이 아주 강해지는데, 유럽뿐만 아니라 미주 지역에서도 널리 먹고 있습니다. 어찌 보면 서양 김치라고 할 수 있는 식품이죠. 그런데 이처럼 많은 채소 절임 음식 가운데 왜 유독 우리나라의 김치만 유명해진 걸까요?

김치의 우수한 맛은 여러 가지 양념의 조화에서 나옵니다. 주된 재료로 쓰는 배추와 무를 비롯해 파, 마늘, 생강, 고추, 젓갈 등 식물성 식품과 동물성 식품이 어우러져 맛의 깊이를 더해 주는 거죠. 이처럼 서로 다른 장점을 가진 재료들이 한데 모여 맛은 물론 유산균까지 풍부한 건강 식품으로 새롭게 태어난 것입니다. 우리나라의 김치를 전 세계의 수많은 채소 절임 식품 가운데서도 가장 으뜸으로 꼽는 것도 다 까닭이 있었어요.

"그럼 내가 문제를 하나 낼게. 단군 신화에서 곰이 사람으로 환생하기 위해 먹은 음식이 쑥과 또 무엇이지?"

"당연히 마늘이죠. 제가 그것도 모를까 봐요?"

내 대답에 아빠는 멋쩍은 듯 환하게 웃습니다. 아빠가 왜 그런 질문을 했는지 여러분도 벌써 눈치 챘겠죠? 마늘은 김치에 가장 널리 쓰이는 재료 중 하나이기 때문입니다. 우리 민족의 기원 설화에도 마늘이 나오니 우리와 김치는 도저히 뗄 수 없는 사이인가 봐요.

마늘에는 '알리신' 이라고 하는 물질이 들어 있습니다. 몸에 들어온 나쁜 균을 막고 동맥경화나 암을 예방하는 효과도 있다고 하지요. 오죽하면 마늘에 '일해백리(一害百利)' 라는 별명이 다 붙었을까요. 일해백리가 무슨 뜻이냐고요? 한 가지 해로운 것을 빼고 100가지 이로움이 있다는 뜻입니다.

여기서 한 가지 해로운 것이란 다름 아닌 냄새예요. 마늘이 많이 들어간 음식은 먹은 뒤에 마늘 특유의 냄새가 강하게 나는 것이 흠이라면 흠입니다. 특히 외국인들은 그 냄새를 아주 싫어하죠. 하지만 냄새 말고는 정말이지 모든 것이 다 좋습니다. 허준이 쓴 《동의보감(東醫寶監)》을 보면 마늘은 오장육부(五臟六腑)를 튼튼하게 하고 종양을 없애며 복

통, 냉통, 급체를 다스린다고 기록되어 있습니다. 또 마늘을 매일 먹으면 무병장수한다고도 알려져 있죠.

그런가 하면 김치의 상징인 빨간색과 매운맛을 내는 데 쓰는 재료는 고추입니다. 김치를 담근 뒤 오래 두어도 무르거나 시들지 않고 아삭아삭한 것은 바로 이 고추 덕분이에요. 고추는 단지 맵기만 한 게 아니라 영양도 풍부해 비타민 A, 비타민 C가 많이 들어 있습니다. 특히 비타민 C는 사과의 20배, 귤의 2~3배에 이를 만큼 많다고 하지요.

그밖에도 김치에는 유기산, 유기염 등 효소가 풍부한 파, 알칼리성 식품으로서 소화를 돕는 무, 필수 아미노산이 풍부한 젓갈 등 다양한 재료들이 많이 들어갑니다. 이처럼 다른 나라의 채소 절임 음식에서는 볼 수 없는, 몸에 좋은 재료들이 많이 들어가니 김치가 세계적인 음식으로 대접받을 수밖에 없어요.

김치에 숨어 있는 맛의 과학

"두리야. 김치가 맛은 물론 건강에도 좋은 음식으로 주목

받는 까닭이 뭘까? 단지 천연 재료가 많이 들어가기 때문일까?"

아빠는 눈을 끔뻑거리며 저에게 물었습니다. 눈을 자꾸 끔뻑인다는 건 아빠가 뭔가 중요한 것을 얘기하고 싶다는 뜻입니다. 오래된 아빠의 습관이죠.

"그럼 다른 이유가 또 있나요?"

내가 되묻자 기다렸다는 듯 아빠의 입술이 움직이기 시작했습니다.

"김치는 매우 과학적인 음식이란다. 단순하게 배추와 많은 양념을 버무려 놓은 것이 아니라는 뜻이지."

과학적인 음식이라니 그게 무슨 뜻일까요? 대체 김치 속에 어떤 과학이 숨어 있기에 아빠가 이토록 진지한 표정을 짓는 걸까요?

먼저 김치를 담그기 전에 주된 재료인 배추를 소금에 절이는 이유부터 알아보기로 하겠습니다. 밭에서 막 캐 온 배추는 아주 뻣뻣합니다. 하지만 하얀 천일염을 넣은 소금물에 반나절 정도 담가 놓으면 우리가 먹기 알맞을 만큼 부드러워지죠. 이 작업을 '배추의 숨을 죽인다' 고 하는데, 알고 보면 그 표현이 그렇게 정확할 수 없습니다. 소금물에 두면 야채 조직 속 수분이 빠져 나와 활성 세포들의 숨이 죽기 때문이에요. 그럼 왜 소금물에서는 야채의 수분이 빠져 나오는 걸까요?

거기엔 '삼투압의 원리'가 숨어 있습니다. '삼투'란 농도가 다른 두 액체를 반투막으로 막아 놓았을 때 농도가 낮은 쪽의 액체가 높은 쪽으로 옮아가면서 평형을 이루는 현상을 말합니다. 삼투압이란 그런 삼투에 의해 나타나는 압력을 뜻하죠.

즉, 소금물은 농도가 높고 배추 조직 속의 수분은 농도가 낮습니다. 따라서 삼투압으로 인해 농도가 낮은 배추 조직 속 수분이 농도가 높은 소금물 쪽으로 옮아가게 됩니다. 이 과정에서 자연히 소금 성분이 배추 조직의 세포 속으로 들어가 간이 들게 되는 거죠. 예로부터 우리 조상들이 해온 배추의 숨을 죽이는 작업에 이와 같은 과학 원리가 숨어 있다니 정말 놀랍네요.

배추에 간이 든 뒤에는 다양한 재료와 양념이 어우러져 발효가 시작됩니다. 즉 김치가 익기 시작하는 거죠. 김치는

이처럼 익는 과정에서 생겨난 젖산균에 의해 우리 몸에 이로운 식품으로 거듭나게 됩니다. 젖산균은 다른 나쁜 균이 자라지 못하도록 막는가 하면 김치만의 독특한 맛을 내게 하는 역할도 합니다. 또 먼저 만들어진 젖산균은 식이섬유를 만들어 신진대사를 촉진시키고, 뒤에 만들어진 젖산균은 산에 잘 견디는 성질이 있습니다. 따라서 갓 담은 김치나 익은 김치 모두 몸에 좋다는 말이 틀린 게 아니죠.

그럼 혹시 김치를 오래 두면 야채에 많이 들어 있던 비타민 성분이 없어지지는 않을까요? 다행히 이런 걱정은 나 혼자만 한 게 아닌 모양입니다. 실제로 김치가 익어 감에 따라 비타민 함량에 어떤 변화가 생기는지 관찰한 실험이 있었으니까요.

실험 결과에 따르면 매우 흥미로운 사실이 밝혀졌습니다. 우리가 생각하는 것과 달리 김치는 가장 잘 익었을 때 비타민 함량이 가장 높았던 거예요. 즉, 알맞게 익어서 가장 김치가 맛있을 때 비타민 함량과 영양가도 가장 높다는 것입니다. 그러나 너무 익으면 시어서 맛이 없어질뿐더러 영양가도 서서히 감소하기 시작합니다. 그래서 우리 조상들은 김치의 신선도를 오랫동안 유지할 수 있도록 김칫독을 땅에 묻어 보관하는 방법을 사용한 거죠.

그럼 우리 조상들은 발효 작용이 일어난다는 사실을 과연 알고 있었을까요? 현미경도 없는 시절에 눈에 보이지 않는 미생물이 존재한다는 걸 알 수는 없었겠죠. 하지만 놀랍게도 우리 조상들은 미생물이 어떻게 하면 많이 늘어나는지

맛과 영양을 위한 속성 과정

그 조절 방법을 잘 알고 있었습니다. 바로 젓갈과 쌀가루를 썼다는 사실 때문이에요. 해산물이 원료인 젓갈은 김치를 발효시키는 미생물의 먹이가 되어 숙성을 촉진시킵니다. 또한 젓갈은 이미 한 차례 숙성 과정을 거쳤으므로 김치의 숙성을 도와주는 역할도 합니다. 쌀가루 역시 그 속에 든 전분질이나 무기질이 미생물의 먹이가 되어 발효를 촉진시킵니다. 김치 속에 숨은 맛의 과학, 정말 대단하지 않나요?

고추와 김치의 다이어트 대결

"어! 시원하다."

아빠는 얼큰하고 매콤한 김치찌개 국물을 먹으며 연신 탄성을 내지릅니다. 그러고 보니 참 이상합니다. 아빠는 기름진 음식을 먹은 뒤에도 매운 김칫국물을 먹어야 속이 시원해진다고 하니까요. 도대체 어른들은 매운 국물을 먹으면서 왜 시원하다고 하는 걸까요? 알고 보니 거기에도 과학적인 근거가 있었습니다.

"고추에는 매운 맛을 내는 캡사이신이란 성분이 들어있어. 몸속으로 들어간 캡사이신은 대사 작용을 활발하게 하고 지방을 연소시키기 때문에 몸 안에 지방이 쌓이지 않도록 하지. 그러니 매운 국물을 먹으면 시원할 수밖에. 그렇지 않겠니?"

아빠는 실제로 해 본 실험에서도 김치가 비만에 효과가 있는 것으로 나타났다고 알려주었습니다. 비만 때문에 병원을 찾은 환자 60명을 대상으로 하루 3회씩 김치 성분을 3개월 동안 복용시켰더니 체중과 허리둘레가 줄어들었다는 거였어요. 또 식사량을 줄이는 다이어트로 살을 뺀 사람과는 달리 몸에 좋은 HDL 콜레스테롤이 늘어나는 효과도 있었다고 합니다.

그럼 매운 고추만 먹는 것과 김치를 먹는 것 중 어느 쪽이 더 살을 빼는 데 도움이 될까요? 물론 이에 대한 실험도 있었답니다. 지방이 많은 음식을 먹은 흰쥐 그룹과 음식에 고춧가루 5%를 첨가해 먹은 흰쥐 그룹, 그리고 김치 10%를 첨가해 먹는 흰쥐 그룹으로 나누어 4주 동안 관찰한 결과, 지방이 많이 든 음식을 먹은 흰쥐들만 체중이 339g이 되었다고 해요. 그에 비해 고춧가루를 함께 먹은 흰쥐들은 313g, 김치를 함께 먹은 흰쥐들은 303g으로 나타났다고 합니다. 즉, 같은 양의 고춧가루라도 김치로 먹었을 때 체중 감량 효과가 더 크다는 것이죠.

요즘은 쌀 소비가 줄어든 대신 패스트푸드와 고기 소비량

이 많이 늘어 지방 섭취는 더 많아졌습니다. 그러니 지방 흡수를 막아 주는 밥과 몸속의 지방을 분해시켜 주는 김치가 현대인의 식생활에서 아주 중요하다는 말은 더 이상 할 필요가 없겠죠.

밥상 가운데 자리 잡은 된장찌개

엄마가 부엌에서 저녁 식사 준비를 하고 있습니다. 구수한 냄새가 솔솔 풍겨옵니다. 약간 구린 듯한 그 냄새의 주인공은 다름 아닌 된장찌개입니다. 삼겹살집에서 공기 밥과 함께 나오는 된장찌개는 자주 먹어 봤지만, 우리 집에서 된장찌개 냄새를 맡아 본 게 언제인지 기억조차 가물가물합니다.

"아휴, 냄새……. 오늘 반찬이 된장찌개예요?"

나도 모르게 약간 투정 섞인 말투로 엄마에게 물었습니다. 즐겨 먹던 삼겹살도 없이 된장찌개랑 밥을 먹을 분위기니 그럴 수밖에요.

"왜, 된장찌개가 어때서? 이제 우리 집 식탁에서 된장찌

개는 단골 메뉴가 될 거야."

식탁 의자에 앉아 두부를 썰던 아빠가 나를 빤히 바라보았습니다. 아차, 내가 깜빡 하고 말았네요. 우리 가족의 밥상에 혁명이 시작되었다는 사실을…….

아빠는 식탁 위쪽 벽에 걸린 사진을 힐끗 쳐다보았습니다. 마치 내게 다시 한 번 사진의 존재와 의미를 일깨워 주려는 것처럼 말이지요. 하지만 내가 그 문제의 사진을 잊을 리 있겠어요? 그 밥상 사진 덕에 지금 엄마와 아빠는 퇴근하자마자 된장찌개를 끓이고 있고, 나는 그 냄새를 맡으며 맛있게 먹던 파자나 치킨 생각을 억지로 지우고 있는 중인데요.

된장은 만병통치약?

"두리야. 저 사진에서 된장찌개가 왜 가장 한가운데 자리 잡고 있는지 아니? 그건 말이야, 우리 전통 식단에서 밥하고 가장 잘 어울리는 음식이 바로 된장찌개라서 그렇대. 그 두

가지 음식만으로도 3대 기본 영양소인 탄수화물과 단백질,
지방을 모두 섭취할 수 있다는 거지."

엄마는 요리를 하다 말고 갑자기 된장찌개 예찬론을 폈습
니다. 시무룩해져 있는 내가 안쓰러워 보여서 그랬을까요?
아무튼 이번에는 자연스럽게 된장과 된장찌개에 대한 이야
기들이 술술 풀려 나오기 시작했습니다. 어느 새 나도 처음
듣는 된장 이야기 속으로 푹 빠져들었어요.

우선 된장이 우리 밥상에서 빠지지 않는 것도 다 이유가 있었습니다. 첫째, 된장은 다른 맛과 섞여도 본래의 제 맛을 냅니다. 둘째, 오래 두어도 상하지 않으며 셋째, 비리고 기름진 냄새를 없애 주기도 하지요. 그리고 넷째, 된장은 맵거나 독한 맛을 중화시켜 부드럽게 해 주고 다섯째, 어떤 음식과도 조화를 잘 이루기 때문이랍니다. 이 다섯 가지 특성을 된장의 5덕(五德)이라 일컫기도 하지요.

그런데 된장은 언제부터 우리 밥상에 오르기 시작했을까요?

된장을 만드는 메주가 우리의 고(古) 문헌에 나타난 것은 《삼국사기(三國史記)》인데, 고려 신문왕 3년 때입니다. 신문왕이 '김흠운' 이라는 사람의 딸을 왕비로 삼고자 예물을 보냈는데, 그 품목 가운데 메주가 들어 있었던 거죠. 메주를 얼마나 귀하게 여겼으면 왕이 보낸 예물에도 그 이름이 올라가 있었을까요?

그뿐만이 아닙니다. 고려 문종 6년 때는 굶주린 개경 백성 3만 명에게 메주를 나누어주었다는 기록이 있습니다. 먹을 게 없어 목숨마저 위태로워졌을 때 생명을 유지시켜 줄

필수품 가운데 하나가 바로 메주였다는 사실이죠. 이렇듯 된장은 아주 오랜 옛날부터 우리 민족과 함께해 온 전통 음식이었습니다.

"된장은 먹는 식품으로서 중요했을 뿐만 아니라 병을 낫게 하는 약으로서도 많이 쓰였지. 아빠가 어렸을 때만 해도 정말 만병통치약이었어."

아니, 된장이 만병통치약이었다니 그게 도대체 무슨 말일까요? 아빠는 시골에서 어린 시절을 보냈는데, 어쩌다가 벌에 쏘이면 곧바로 된장을 발랐고, 몸에 종기가 나도 된장을 호박잎에 발라 동여맸다고 합니다. 또 배가 아프다고 하면 할머니가 뜨거운 물에 된장 한 숟가락을 풀어 마시게 했다는군요.

그게 다가 아니었습니다. 소가 쇠죽을 잘 안 먹을 때도 어른들은 된장을 퍼다 쇠죽과 같이 끓여 먹였답니다. 그러면 얼마 뒤 소가 입맛을 되찾았다니 정말 신기한 일이죠. 뿐만 아니라 된장은 소화 불량, 숙취 해소, 설사, 가벼운 감기 등 흔히 생기는 증상에도 요긴하게 쓰였다고 합니다. 물론 오늘날의 의학 지식으로 보면 어떤 것은 잘못된 처방일 수도

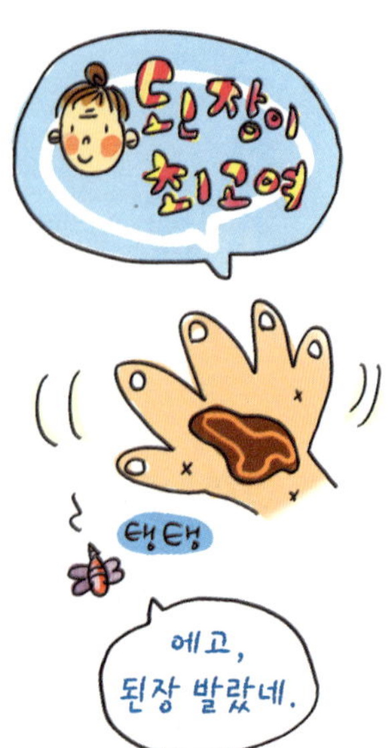

있겠지만, 지금껏 알려진 된장의 효능을 보면 옛날 사람들이 왜 된장을 만병통치약처럼 여겼는지 고개가 끄덕여질 만도 해요.

된장의 효능 가운데 가장 널리 알려진 것은 항암 효과입니다. 쥐에게 암세포를 주입한 뒤 된장을 먹인 결과, 된장을 먹이지 않은 쥐보다 암 조직의 무게가 무려 80%나 줄어들었다는 실험 결과는 정말이지 놀랄 만한 일이었습니다. 그 때문인지 '대한암예방협회'에서 발표한 암 예방 수칙 가운데는 된장국을 매일 먹으라는 내용이 들어가 있기도 해요.

게다가 된장에는 노화를 방지하는 효과도 있다고 합니다. 그밖에도 간 기능을 강화시켜 주고 고혈압이나 당뇨병 같은 성인병을 예방하며, 변비는 물론 유아기의 두뇌 발달에도 적잖은 도움이 된다는군요. 그렇다고 당장 입맛이 돌아 먹고 싶어진 건 아니었지만, 된장이야말로 우리 가족 모두에게 꼭 필요한 건강식품이라는 것을 나도 잘 알게 되었습니다.

된장의 재료인 메주는 콩으로 만듭니다. 콩은 곡류이지만 단백질이 풍부해 예로부터 '밭에서 나는 쇠고기' 라고 불렸습니다. 즉, 쇠고기만큼 영양이 풍부하다는 뜻이죠. 그럼 콩과 쇠고기를 비교했을 때 영양 면에서는 과연 어느 쪽이 더 우수할까요? 먼저 콩 100g과 쇠고기 100g을 놓고 그 영양 성분부터 비교해 보기로 하죠.

쇠고기 100g에는 단백질이 약 20g, 지방이 약 7g, 탄수화물이 약 0.2g 들어 있습니다. 그리고 나머지인 70% 이상은 수분이 차지하고 있죠. 이에 비해 콩 100g에는 단백질이 약

41g, 탄수화물이 약 23g 들어 있습니다. 그리고 지방도 약 17g이나 됩니다. 육류에 특히 많이 함유된 것으로 알려진 단백질과 지방이 쇠고기보다 2배 이상 많은 셈이죠.

　그러니 콩을 왜 밭에서 나는 쇠고기라고 부르는지 알만도 합니다. 또 된장의 힘과 효능이 어디에서 오는지도 알겠고요. 그것은 쇠고기와 콩이 내는 열량을 비교해 봐도 명확해집니다. 쇠고기 100g의 열량이 130㎉ 정도인 데 비해 콩은 약 330㎉나 되니까요.

　그뿐만이 아닙니다. 이번에는 콩과 쇠고기에서 얻을 수 있는 필수아미노산을 비교해 보겠습니다. 필수아미노산이

뭐냐고요? 우리 몸에 필요한 여러 가지 성분과 효소를 만들기 위해서는 20여 가지의 아미노산이 꼭 필요합니다. 그 가운데 절반 이상은 우리 몸 안에서 합성이 가능하지만, 나머지 9~10가지는 합성이 어려워 반드시 음식물을 통해서 얻어야 하거든요. 이것을 몸에 꼭 필요하다는 뜻에서 '필수아미노산'이라고 하죠. 그 가운데 이소류신, 류신, 라이신, 메티오닌, 페닐알라닌, 트레오닌, 트립토판, 발린 등 총 8가지 필수아미노산을 비교해 본 결과 쇠고기보다 콩에 약 2배 정도 많은 것으로 나타났습니다.

이제 콩을 보고 왜 완전 식품이라고 하는지 그 까닭이 분명해졌습니다. 콩만 먹더라도 쇠고기를 먹는 것보다 훨씬 많은 영양분을 섭취할 수 있으니까요. 이번 대결도 별 어려움 없이 콩의 한판승으로 끝나고 말았네요.

소화 안 되는 콩, 소화 잘 되는 된장

밭에서 나는 쇠고기라더니 과연 콩에는 그만한 비밀이 숨어 있었습니다. 그래서 콩에 대해서만큼은 아빠 엄마의 도움 없이 나 혼자 자료를 찾으며 공부해 보기로 마음먹었습니다. 좀 전에 엄마에게 반찬 투정한 실수를 만회도 할 겸해서요.

콩은 전 세계에서 수천 가지가 넘는 종이 재배되고 있습니다. 그런데 혹시 콩의 원산지가 어디인지는 알고 있나요? 원산지라고 하면 야생 콩이 스스로 자랄 수 있고, 야생종과 재배종, 그리고 중간종이 가장 많은 곳이라고 짐작할 수 있습니다. 전 세계에서 그 조건에 가장 잘 들어맞는 곳은 만주 남부 지역이에요. 만주 남부 지역은 고조선과 고구려의 옛 영토이니 결국은 우리나라가 콩의 원산지인 셈입니다. 콩과 된장이 오랜 옛날부터 우리 민족 고유의 전통 음식으로 자리 잡아 온 데에도 다 그만한 까닭이 있었어요.

콩은 된장으로도 만들어 먹지만 우리 주변을 살펴보면 콩으로 만든 식품이 아주 많습니다. 우선 된장찌개에 넣어 먹는 두부도 콩으로 만들고, 몸에 좋은 두유의 재료도 콩입니다. 또 유부국수나 유부초밥을 만들 때 쓰는 유부의 재료도 콩이고, 된장찌개보다 훨씬 더 독특한 냄새를 내는 청국장도 다름 아닌 콩으로 만들죠.

이렇게 재료로 쓰이는 것 말고도 콩을 아예 나물로 키워 먹기도 합니다. 아빠가 술 한 잔 하시고 온 다음 날이면 찾는 콩나물국이 그것이죠. 콩나물국이 아빠의 숙취를 시원하게 풀어 주는 것은 콩나물에 들어 있는 '아스파라긴산' 이라는 아미노산 때문이에요. 아스파라긴산은 알코올을 분해하는 효소의 생성을 도와 간을 보호하는데, 특히 콩나물 꼬리 부분에 많이 들어 있다고 합니다. 그러므로 콩나물국을 끓일 땐 꼬리를 떼지 말고 끓여야 아빠의 술독을 시원하게 풀어 줄 수 있다고 하지요.

이처럼 우리 민족이 콩을 즐겨 먹어 온 것은 단지 원산지라는 이유 때문만은 아닙니다. 그럼 또 무슨 이유가 있냐고요? 콩은 오래 전부터 불로장수할 수 있는 건강식품으로 알려져 왔거든요. 중국 명나라 때의 《본초강목(本草綱目)》이라는 책을 보면 '콩을 오래 먹으면 안색이 좋아지며 늙지 않고 흰 머리카락이 검어지며, 피가 맑아지고 모든 독이 풀어진다' 고 적혀 있습니다. 실제로 세계적인 장수촌으로 유명한 일본 오키나와 주민들은 콩 섭취량이 세계 최고라고 합니다. 그만큼 콩이 장수식품이라는 뜻이죠. 그들이 콩을 주로 섭취하는 방법은 우리와 마찬가지로 된장국입니다.

콩이 우리 몸에 특히 좋은 이유는 쌀과 만났을 때 완벽한 단백질을 만들어 준다는 사실입니다. 즉, 쌀에도 부족한 단백질 성분이 있고 콩에도 부족한 단백질 성분이 있는데, 둘이 합치면 서로 보완이 되므로 완벽한 단백질을 섭취할 수 있는 것이죠.

하지만 콩에는 치명적인 단점이 하나 있습니다. 그게 뭐냐고요? 콩을 그대로 먹으면 소화가 잘 되지 않는다는 점이 그것이죠. 콩은 아미노산 조각이 단단하게 얽혀 있기 때문에 먹으면 위나 장에서 흡수되지 않고 영양 성분이 그대로 몸 밖으로 빠져 나올 확률이 아주 높습니다.

바로 여기에 된장의 비밀이 숨어 있습니다. 이처럼 소화가 잘 안 되는 콩도 된장으로 먹을 때는 소화율이 훨씬 높아지기 때문이죠. 콩을 발효시키면 아미노산 조각들이 잘게 분해되어 몸 안에서 흡수가 훨씬 잘 됩니다. 즉, 생콩을 먹을 때는 소화율이 55% 정도이지만 삶은 콩은 65%, 된장은

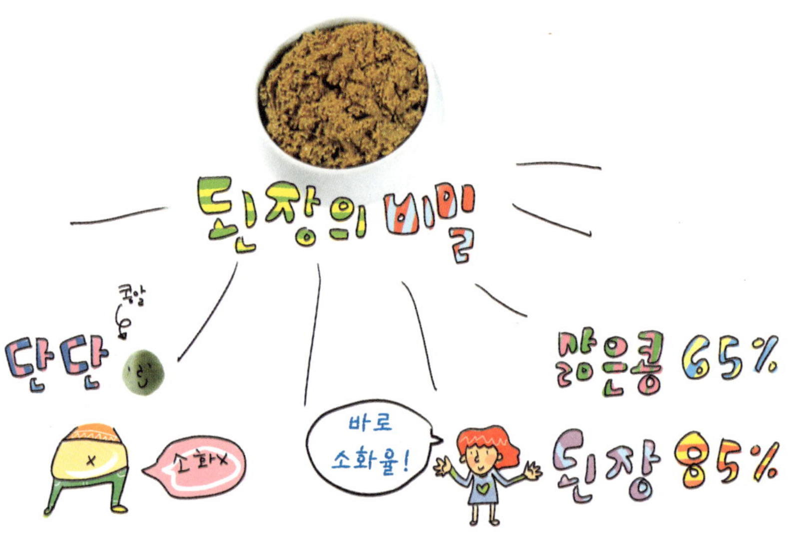

85%로 소화율이 높아지는 거예요. 콩이 발효 과정을 거치면 본래 콩이 가지고 있던 좋은 성분에다 소화가 잘 되게 하는 새로운 물질이 더해진다는 거죠. 된장찌개가 전통 밥상 가운데 자리를 떡 하니 차지하고 있는 이유를 이제 확실히 알겠죠? 어때요, 이만하면 나도 전문가 소리를 들을 만하지 않나요?

엄마표 된장찌개의 비밀

보글보글. 김이 모락모락 나는 된장찌개가 드디어 식탁 가운데로 옮겨져 왔습니다. 아빠와 나는 얼른 한 숟가락 가득 된장찌개를 떠서 먹습니다.

"맛이 어때요?"

엄마는 수저를 들다 말고 아빠와 나의 눈치를 살폈습니다. 모처럼 엄마가 직접 만든 엄마표 된장찌개의 맛을 평가받고 싶은 거겠죠.

"글쎄. 색깔도 좋고 냄새도 좋은데……."

아빠는 말을 얼버무리며 다시 한 번 된장찌개가 담긴 뚝배기에 숟가락을 집어넣습니다. 엄마는 아빠의 대답을 더 기다릴 수 없다는 듯 덩달아 된장찌개 맛을 봅니다.

"난 맛있는데."

엄마가 다시 아빠를 힐끗 봅니다. 하지만 아빠의 입에서 나온 말은 엄마가 바라던 대답이 아니었어요.

"아니야, 이 맛이 아니야. 어릴 적 우리 어머니께서 끓여 주시던 그 된장찌개 맛이 아니라니까요."

순간 엄마는 얼굴을 살짝 찌푸립니다. 아빠의 말에 충격을 받은 모양입니다.

"이상하네. 나도 어머니에게서 된장찌개 끓이는 법을 듣고 그대로 따라 했거든요."

엄마는 고개를 갸웃거리며 엄마표 된장찌개의 요리 비법을 털어 놓기 시작했습니다. 우선 멸치와 다시마, 무, 표고버섯 등을 넣고 국물을 우려냅니다. 그 다음 호박과 양파 등의 야채를 넣고 끓이다가 된장을 두어 숟가락 잘 풀어서 넣죠. 그러고는 두부와 청양고추를 마지막으로 넣어서 끓이면 엄마표 된장찌개가 완성되는 것이랍니다.

"잠깐만. 혹시 된장은 어떤 걸 썼어요?"

엄마 말을 잠자코 듣고 있던 아빠가 마치 추리소설 속 탐정처럼 날카롭게 물었습니다. 도대체 뭐가 잘못되었는지 알아내고야 말겠다는 눈치입니다.

"그야 뭐 슈퍼마켓에서 사온 걸로 했죠."

엄마는 싱크대 위에 놓여 있는 플라스틱 통을 가리켰습니다.

"범인은 바로 저거야. 된장찌개는 뭐니 뭐니 해도 된장이 맛있어야 하거든."

아빠 말에 따르면 된장은 정성을 빚어 만드는 식품이라고 합니다. 그러니 공장에서 대량으로 만들어 낸 된장이 아빠의 입맛에 맞지 않을 수밖에요.

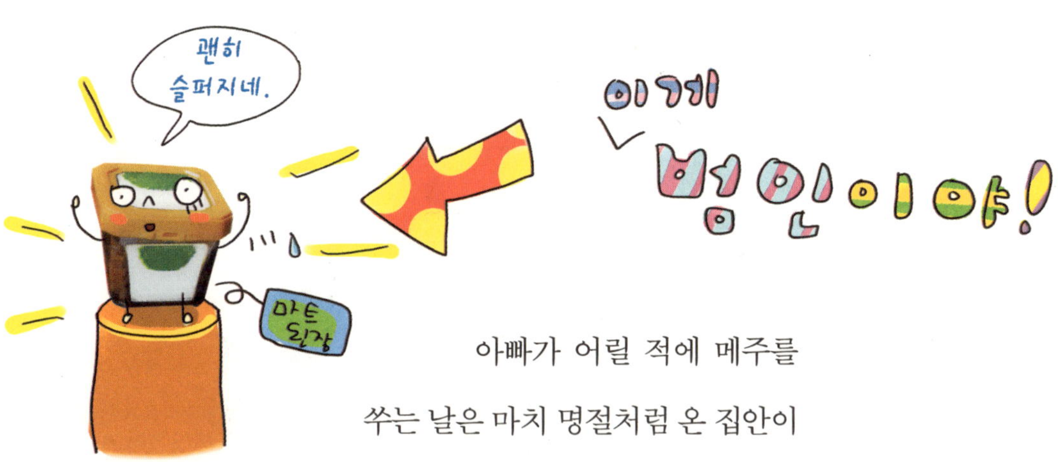

아빠가 어릴 적에 메주를
쑤는 날은 마치 명절처럼 온 집안이
부산스러웠다고 합니다. 부엌에 있는 커
다란 가마에서 콩이 익기 시작하면 아이들 입에서는 군침부
터 돌았다고 해요. 모락모락 김이 피어오르는 삶은 콩을 맛
있게 먹을 수 있었으니까요. 콩이 익으면 절구에 곱게 찧어
메주 틀에 넣습니다. 그러고는 하얀 버선을 신은 아낙네들
이 그 위에 올라가 꾹꾹 밟으며 네모난 메주를 만듭니다. 버
선발로 밟는 이유는 콩의 단백질이 잘 결합되어 미생물에
의한 발효가 활발하게 일어나도록 하기 위해서였죠. 그렇
게 만들어진 메주는 안방과 아랫방 벽에 주렁주렁 매달린
채 겨우내 구수한 냄새를 피워냈습니다.

봄이 되면 하얀 곰팡이가 핀 메주를 깨끗이 씻어 말리고,
큰 장독에 소금물과 함께 담급니다. 이때 숯 덩어리와 붉은
고추를 몇 개 넣는 것을 빠뜨리면 안 됩니다. 숯을 넣는 것

된장 만들기
삶은콩
꾹꾹
꾹꾹
메주
숙
숯과 고추를 넣는다!

은 나쁜 귀신이 숯 구멍으로 들어가면 나오지 못한다고 믿었기 때문이고, 고추는 붉은 색깔과 매운 성질을 나쁜 귀신이 싫어한다고 믿은 까닭이었다고 하지요. 이처럼 된장은 사람의 정성, 그리고 깊어 가는 세월과 함께 맛깔스러운 제 맛을 담아냈습니다.

된장 맛을 더해주는 숯과 고추

우리 조상들이 메주를 담글 때 장독에다 숯과 고추를 넣은 것은 단지 귀신을 쫓는다는, 어찌 보면 미신 같은 이유가 전부였을까요?

고추에는 매운 맛을 내는 캡사이신이란 성분이 들어있다고 했습니다. 캡사이신은 우리 몸 안에서 지방을 연소시켜 몸을 날씬하게 해 준다고 앞에서 배웠죠. 그런데 캡사이신은 그밖에도 살균 효과라는 또 다른 효능이 있습니다. 붉은 고추를 장독 안에 넣어 두면 살균 효과를 내 잡균이 살지 못하고 결국 된장 맛이 변질되는 것을 막아 주는 거예요. 이처럼 조상들이 정성껏 해 온 일에는 다 그럴 만한 까닭이 숨어

있었습니다. 오늘날 과학의 눈으로 보더라도 그 지혜로움
에 감탄이 나올 정도로 말이죠. 그럼 붉은 고추와 함께 넣었
던 숯에는 어떤 효능이 숨어 있을까요?

"그것에 대해 자세히 알기 위해선 경남 합천군에 있는 해
인사 장경각의 비밀을 알 필요가 있어. 두리는 해인사 하면
뭐가 생각나지?"

"음……, 해인사라면 팔만대장경이 있는 절이잖아요."

"맞았어. 유네스코에서 세계문화유산으로 지정한 해인사
장경각에는 국보 제 32호인 팔만대장경이 보존되어 있지."

아빠는 고려시대에 만들어진 팔만대장경이 700여 년이나
지났는데도 불구하고 지금까지 훌륭하게 보존될 수 있었던
까닭에 대해 설명하기 시작했습니다.

"한번은 문화재 보호 차원에서 장경각에 있는 팔만대장
경을 현대식 건물로 옮겨 보관한 적이 있었어. 그런데 얼마
지나지 않아 경판이 틀어지기 시작하는 바람에 다시 제자리
로 옮길 수밖에 없었다는구나. 물론 그 현대식 건물에는 경
판 보관을 위해 습도와 온도를 적절하게 조절하는 장치가
갖추어져 있었지. 해인사 장경각에서는 700여 년 동안 아무

이상이 없었던 팔만대장경이 왜 첨단 현대식 건물에서는 견디지 못했던 걸까?"

거기에는 장경각만의 비밀이 숨어 있었습니다. 장경각의 지하에는 아주 많은 양의 숯과 소금, 그리고 횟가루가 묻혀 있다고 해요. 즉, 숯이 목판 보존에 큰 영향을 미치는 습도를 아주 적절하게 조절해 주었던 거죠. 그럼 숯의 이 같은 습도 조절 작용은 어떻게 일어나는 것일까요?

"아까 장독에 숯을 넣는 것은 나쁜 귀신이 숯 구멍으로 들어가 나오지 못하게 하려는 미신 때문이라고 했지? 바로 그거야. 숯의 비밀은 숯에 나 있는 무수히 작은 구멍에 있어."

맨눈으로는 보이지 않지만 전자 현미경으로 숯을 들여다보면 마이크로미터(1백만분의 1미터) 단위의 아주 작은 구멍들이 수없이 많은 것을 관찰할 수 있습니다. 이런 구멍들의 표면을 다 이어서 붙이면 표면적이 숯 1g당 무려 300㎡나 된다고 하네요. 300㎡라면 약 90평 넓이로 웬만한 테니스장 하나 크기입니다. 숯 1g의 표면적이 테니스장 크기라니 얼마나 많은 구멍이 나 있는지 상상이 되나요?

메주를 담글 때 숯을 넣는 과학적인 근거도 바로 그 무수

히 작은 구멍에 있습니다. 된장은 발효 식품이므로 발효를 돕는 미생물이 잘 살 수 있어야 합니다. 숯의 미세한 구멍들이 그 미생물들의 서식지가 되는 거죠. 그러나 그 구멍에는 곰팡이처럼 덩치가 큰 나쁜 미생물은 살지 못합니다. 즉, 숯을 넣음으로써 나쁜 미생물은 없애고 발효를 도와주는, 우리 몸에 유익한 미생물만 살 수 있게 한 것이죠.

숯의 역할은 거기에 그치지 않습니다. 숯에는 탄소가 85%, 미네랄이 10% 이상 들어 있습니다. 탄소는 환원 작용을 하므로 된장의 부패를 막는 작용도 합니다. 그리고 미네랄은 그대로 된장에 녹아들게 됩니다. 따라서 숯을 넣어 담근 된장은 미네랄이 풍부해지는 거죠. 미네랄은 우리 몸의 신진대사를 돕는 물질로서 된장 맛을 좋게 하는 역할도 합니다.

이 같은 효능 때문에 숯은 예로부터 우리 생활 곳곳에서 아주 많이 쓰였습니다. 쌀과 콩 등 곡식을 보관하는 광에도 숯을 넣어 곡식이 썩지 않도록 했고, 관청의 무기고에도 숯을 이용해 창과 칼 같은 무기들이 녹슬지 않도록 했으니까요. 또 마을 주민 모두가 이용하던 우물 밑에도 숯이 깔려 있었습니다. 우물 바닥에 숯을 깔면 이물질을 빨아들이는 정수기 역할을 함과 동시에 미네랄이 많아져 물맛 또한 좋아졌던 거죠.

아참, 그런데 하나 빠뜨릴 뻔했네요. 된장에는 우리 몸의 혈액이 잘 돌도록 하는 '바실루스 균'이 있습니다. 바실루스 균은 열에 약하므로 된장을 먹을 때는 날로 먹는 게 가장 좋다고 합니다. 따라서 된장찌개를 끓일 때도 5분을 넘기지 말고 한소끔 끓어오르면 바로 먹어야 몸에 더욱 좋겠죠.

미래를 위한 제 3의 식품, 발효 음식

　여러분도 김유신 장군 잘 알죠? 삼국 통일을 이룩한 신라의 대장군이니 아마 잘 알고 있을 거예요. 그런데 《삼국사기》라는 역사책을 보면 아주 이상한 대목이 나와요. 김유신 장군에 대한 일화인데, 간장에 관한 내용이 바로 그거예요.

　전쟁터에 나가 있느라 오랫동안 집에 들르지 못한 김유신 장군이 어느 날 자기 집 근처를 지나게 되었답니다. 하지만 군사를 이끌고 가던 중이라 혼자만 집에 들를 수가 없었죠. 잠시 생각하던 김유신 장군은 부하를 시켜 자기 집 간장을 떠 오라고 했습니다. 부하가 가져온 간장을 손가락으로 찍어 맛을 본 김유신 장군은 장맛이 예전 그대로임을 확인한 뒤 집안에 아무런 일이 없다며 걱정 없이 다시 전쟁터로 나갔다고 합니다.

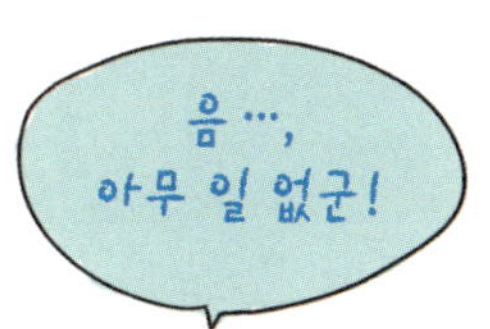

그런데 장맛이 그대로인 것과 집안에 아무런 일이 없는 것이 도대체 무슨 관련이 있을까요? 요즘 전통 음식에 푹 빠져 있는 우리 아빠는 아시지 않을까요?

"우리 속담에 '흥하는 집안의 장맛은 달고 망하는 집안의 장맛은 구린내가 난다' 는 말이 있어. 그 말은 장맛이 변해 구린내가 난다는 것은 장을 제대로 관리하지 않았다는 뜻이지. 그것은 집안에 좋지 않은 일이 있다는 뜻으로도 해석할 수 있는 거야."

아하, 아빠의 말씀을 들으니 왜 김유신 장군이 장맛으로 집안의 무사안일을 알아차렸는지 이해가 되네요. 예로부터 장맛은 한 집안의 형편과 가풍을 판단하는 기준이 되었던 것입니다.

1억 원짜리 골동품 간장

가만히 보면 우리 전통 음식에는 발효 식품이 참으로 많

습니다. 앞에 나온 김치와 된장을 비롯해 간장과 고추장, 청국장, 젓갈 등이 모두 발효 식품입니다. 그러니 발효 식품을 빼고 나면 밥상을 차릴 수조차 없을지 몰라요. 심지어 생각만 해도 시원한 전통 음료인 식혜도 발효 식품 가운데 하나이니까요.

"아마 우리나라 전통 음식의 80% 이상이 발효 음식일 거야. 마땅히 발효 음식 문화의 종주국이라고 할 만하지. 그 때문에 우리나라 사람에게는 발효 음식에서 우러난 맛을 느끼는 영역이 매우 발달되어 있어."

아빠의 말에 따르면 짜고 맵고 시고 달고 쓴 맛을 느끼는 부분이 제각각 있는 것처럼 우리나라 사람들에게는 발효 음식의 맛을 느끼는 부분도 잘 발달되어 있다는군요. 흔히 하는 말로 외국에 나가면 다른 것은 다 적응이 되지만 김치와 고추장 맛만은 잊을 수 없다는 것도 다 그런 까닭에서 나온 것이랍니다. 하지만 발효 음식이 우리나라에만 있는 것은 아닙니다. 외국 사람들이 즐겨 먹는 치즈와 요구르트, 와인도 모두 발효 식품이거든요. 즉, 발효라는 말이 생기기 전인 아주 오랜 옛날부터 인류는 곰팡이와 유산균 같은 미생물을 이용해 발효 식품을 만들어 먹어 온 것입니다.

그럼 발효와 부패는 과연 뭐가 다를까요? 음식을 가만히 두면 부패되어 먹지 못합니다. 그런데 음식이 부패되는 것 역시 미생물의 작용으로 일어나는 현상입니다. 둘 다 미생물이 일으키는 현상인데, 왜 부패된 음식은 먹지 못하고, 발효된 음식은 쉽게 잊을 수 없을 만큼 독특한 맛을 내며 먹을 수 있는 걸까요?

"그 차이점은 같은 미생물이라고 해도 우리 몸에 유익한 물질을 만드느냐 아니냐에 달려 있지. 즉, 음식물 속 미생물이 우리에게 도움이 되는 물질을 만들어 내면 발효가 되고, 우리 몸에 해가 되거나 원하지 않는 물질을 만들면 부패가 되는 거야."

따라서 발효가 되게 하려면 특정한 조건과 환경만 갖춰 주면 된다고 합니다. 그에 비해 부패는 식품을 그대로 내버

려 두면 일어납니다. 예를 들면 배추를 그냥 버려 두면 부패되지만, 소금에 절여서 적절한 온도에 보관하면 발효가 일어나 김치가 되는 거죠.

신기한 것은 아주 오래 두면 둘수록 그 가치가 훨씬 높아지는 발효 식품도 있다는 점입니다. 주로 와인이 그런 경우인데, 최근에 우리나라에서도 그런 일이 있었습니다. 2006년 봄, 서울의 한 백화점에서 오래 묵힌 농산물을 선보이는 농어업 골동품 전시회가 열린 적이 있습니다. 그때 가장 눈길을 끈 제품이 여주의 한 농가에서 발견된, 60년이나 묵힌 간장이었어요.

"얼마나 오래 되었는지 그 간장은 70%가 소금으로 변하고 독 안에 남은 간장은 겨우 1.5리터 정도밖에 되지 않았어. 그런데 이 1.5리터의 간장에 매겨진 감정가가 얼마였는지 아니?"

그 간장은 전문가들에 의해 자그마치 1억 원이 넘는 가치를 지닌 것으로 평가되었다고 합니다. 슈퍼마켓에 가면 1.5리터들이 간장 한 병에 몇 천원이면 사는데 그보다 1만 배 이상 비싼 거죠. 물론 그 가격은 골동품 간장이라는 상징성이 포함된 것입니다만, 오래 묵힌 간장일수록 더욱 좋다는 사실은 과학적인 실험에서도 증명되었습니다.

한국식품개발연구원의 시험 분석에 따르면 1년 묵은 간장은 100그램당 아미노태질소의 함량이 43밀리그램이었는데, 2년 묵은 간장에서는 680밀리그램이나 되어 16배 정도 증가한 것으로 나타났습니다. 그러니 60년이나 된 간장은 어떻겠어요. '아미노태질소' 란 단백질이 아미노산으로 분해되는 과정에서 나오는 중간 물질인데, 육류를 적게 먹을 경우 부족해지기 쉽습니다. 따라서 채식을 주로 했던 우리 조상들은 오래 묵은 간장을 먹음으로써 아미노태질소를 보충할 수 있었던 것이지요.

냄새가 나지 않는 똥

"오랜만에 퀴즈 하나 내 볼까? 사람은 냄새가 전혀 나지 않는 똥을 쌀 때가 일생에 딱 한 번 있어. 그게 언제일까?"

냄새가 나지 않는 똥이라니, 과연 그런 똥이 있을까요? 설마 아빠가 나를 곯려 주려고 이런 퀴즈를 낸 건 아니겠죠? 그럼 그게 과연 언제일까요? 냄새가 나지 않으려면 가장 깨끗한 때가 되어야 하니 혹시 갓난아기? 하지만 얼마 전에 태어난 우리 사촌동생을 보니 기저귀를 갈 때 냄새가 아주 심하던 걸요.

아빠는 내가 고개를 설레설레 내젓는 걸 보더니 빙그레 웃으며 정답을 말해 줍니다.

"아기가 막 태어났을 때가 바로 그때야. 태어나서 맨 처음 누는 똥은 냄새가 전혀 나지 않는단다."

똥에서 나는 냄새는 우리 몸속의 장내 세균

이 음식을 소화한 뒤 내놓는 분비물의 냄새라고 합니다. 따라서 갓 태어난 아기의 장은 세균이 전혀 없는 무균 상태이므로 냄새도 나지 않는 거죠. 하지만 아기가 음식을 먹기 시작하면 음식을 통해 수많은 세균이 장에 들어가게 됩니다. 때문에 태어난 지 며칠만 지나도 냄새가 나기 시작하는 거예요.

그럼 인간의 소화기관에 사는 장내 세균은 과연 몇 마리나 될까요? 정답은 무려 100조 마리나 된다고 합니다. 이처럼 엄청난 수의 장내 세균에는 나쁜 병원균도 어느 정도 있지만 유산균이나 젖산균 등 몸에 이로운 세균이 훨씬 더 많아요. 그런 유익한 세균들이 소화를 돕고 나쁜 물질과 세균까지 없애 주는 덕에 우리가 건강하게 살 수 있는 거죠. 즉, 장내 세균과 우리는 누이 좋고 매부 좋은 공생 관계를 이루며 살고 있는 셈입니다.

그 때문에 설사를 하거나 변비에 걸리면 장에 유익한 미생물이 든 발효 식품을 많이 먹으라고 권합니다. 예를 들면 요구르트 같은 유산균 음료나 청국장 같은 발효 식품 말이에요. 특히 올리브, 양배추와 함께 서양의 3대 장수 식품으

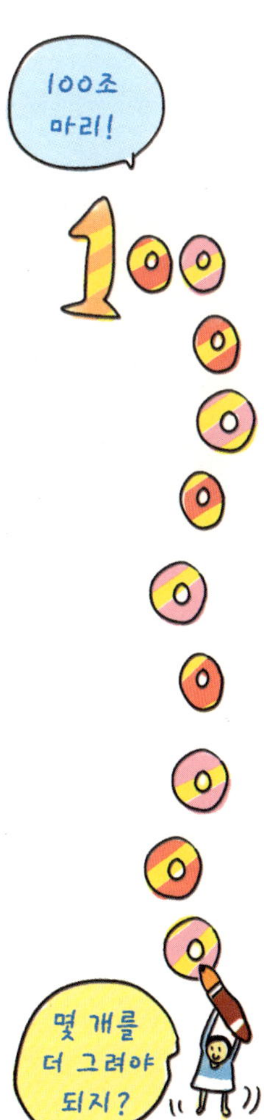

로 알려져 있는 요구르트에는 장 청소를 도와주고 장내 유해균을 없애 주는 유익한 세균이 많이 들어 있습니다. 또 요구르트는 위암과 위궤양을 일으키는 헬리코박터균을 억제하고 칼슘 등이 풍부해서 뼈를 튼튼하게 해 주는 효과도 있지요.

우리나라의 전통 발효 식품 가운데 장을 튼튼하게 해 주는 음식으로는 청국장이 으뜸입니다. 냄새가 좀 고약하긴 하지만 말이에요. 콩을 삶은 뒤 볏짚에 싸서 따뜻한 곳에 두면 2~3일 만에 발효가 돼 하얀 실이 생깁니다. 이처럼 비교적 빨리 발효시킬 수 있으므로 청국장은 전쟁이 일어났을 때 빨리 만들어 먹을 수 있어 '전국장(戰國醬)' 혹은 '전시장' 이라고 불렸다고 해요. 또 청나라에서 전래되었다는 뜻에서 '청국장(淸國醬)' 이 되었다는 말도 있죠.

청국장은 변비와 설사는 물론이고 혈관 안에서 피가 굳은 덩어리인 '혈전' 을 녹여 주므로 뇌졸중 예방에도 큰 효과가 있습니다. 또 당뇨병과 고혈압 같은 성인병과 비만을 막아 주며, 피부에도 좋고 과음

했을 때 숙취 해소에도 효과가 있다는군요. 그러니 청국장 이야말로 소아비만이 걱정스러운 나는 물론 우리 가족 모두에게 딱 어울리는 건강식품이라고 할 수 있죠.

실제로 생청국장 한 숟가락에는 갖가지 효소와 약 15억 마리에 이르는 '바실루스 균'이 들어 있다고 합니다. 그에 비해 요구르트 같은 유산균 음료에는 약 150만 마리가 있다고 하네요. 또 장에까지 살아서 도달하는 장내 생존율을 보더라도 유산균은 30% 미만인데 비해 바실루스 균은 70%에 달합니다. 즉, 청국장이 유산균 음료보다 훨씬 더 많은 균수를 지니고 있으며 미생물의 생존율도 높다는 뜻이지요. 이만하면 청국장 냄새쯤은 참고 먹어야 하지 않을까요?

허균도 좋아한 고추장의 위력

올림픽 경기나 월드컵을 보면 우리나라 선수들은 체격이 크고 건장한 외국 선수들에게 밀리지 않고 잘 겨룹니다. 그래서인지 큰 경기에서 승리하거나 금메달을 따면 사람들은 흔히들 고추장 힘으로 이겼다고 말하죠. 그만큼 고추장은 우리나라의 음식을 대표할 만한 발효 식품입니다.

"그런데 스포츠과학연구소에 따르면 이 같은 고추장 힘이 결코 근거 없는 이야기가 아니라는 게 밝혀졌어. 국가 대표 선수들을 대상으로 조사한 결과 고추장을 먹지 못하면 식욕이 떨어지는 선수가 절반이나 되었고, 약 21퍼센트는 소화 장애를, 약 19퍼센트는 컨디션이 좋지 않은 경험을 했다고 나왔거든."

나는 그럴 만하다는 뜻으로 고개를 끄덕였습니다. 아빠 말만 들어 봐도 고추장의 위력이 얼마나 대단한지 새삼 느껴졌기 때문이죠. 고추장에 대한 사랑은 '홍길동전'을 지은 허균도 예외가 아니었습니다. 허균은 바닷가에서 귀양살이를 할 때 《도문대작》이라는 책을 썼는데, 그 책에서 가장 먹고 싶은 음식으로 '초고'를 꼽았다고 해요. '초고'란 산초 등을 써서 맵게 만든 된장인데, 고추장의 전신이었습니다. 그럼 왜 고추장을 먹지 않고 산초를 넣은 초고를 먹었던 걸까요? 그 까닭은 간단합니다. 그때만 해도 우리나라에 고추가 나지 않은 탓이었어요.

"고추는 임진왜란 때 일본으로부터 우리나라에 전래되어

전국으로 퍼졌어. 따라서 그 전에는 김치에도 고춧가루가 들어가지 않았고 고추장도 없었지. 17세기 후반에 고추 재배가 널리 보급되면서 예전의 된장에다 매운 맛을 첨가시킨 고추장이 탄생하게 된 거야.”

고추의 매운 맛을 내는 캡사이신 성분은 위산이 많이 나오도록 해 소화를 돕습니다. 우리나라의 운동 선수들이 고추장을 먹지 않으면 식욕이 떨어진다고 한 데도 나름대로 이유가 있었던 거죠. 또 캡사이신은 체지방을 줄여 주므로 비만 예방과 치료에도 효과가 있습니다. 그런가 하면 고추에 캡사이신 성분이 들어 있게 된 데는 재미난 과학적인 이유도 있습니다.

미국 남부의 고추밭에서 고추를 먹는 동물들을 관찰해 본 결과, 고추를 맛있게 먹는 동물은 주로 새들이었다고 합니다. 새들은 고추씨가 섞인 배설물을 통해 고추 씨앗을 멀리까지 퍼뜨려 주는 역할을 하고 있었던 거예요. 이에 비해 고추씨를 퍼뜨리는 데 도움이 되지 않는 동물들에게는 캡사이신이 독으로 작용했다고 합니다. 당연히 그런 동물들은 고추를 잘 먹지 않는 것으로 나타났어요. 즉, 고추는 다른 동물들로부터 자신을 보호하는 동시에 자손을 널리 퍼뜨리기 위해 캡사이신이란 매운 성분을 만들어 낸 것입니다. 하지만 우리 조상들이 캡사이신으로 발효 식품을 만들어 낼 줄은 고추도 짐작 못 하지 않았을까요? 어쨌든 우리의 전통 밥상은 다양한 발효 식품들로 인해 사계절 내내 참으로 풍성합니다.

땀이 뻘뻘 나는 한여름, 시원한 콜라 한 잔은 무더위를 싹 가시게 해 줍니다. 목구멍으로 넘어갈 때의 톡톡 쏘는 맛과 싸한 콜라 향은 생각만 해도 군침이 돌지요. 이런 맛 때문에 치킨이나 피자 같은 패스트푸드를 먹을 때는 늘 콜라가 빠지지 않죠.

그럼 우리나라의 전통 음식 중에는 콜라처럼 맛있는 음료가 없을까요? 물론 있습니다. 바로 발효 식품 가운데 하나인 식혜나 수정과가 그것이지요. 발효로 만든 음료수이니 말할 것 없이 몸에도 좋겠지요.

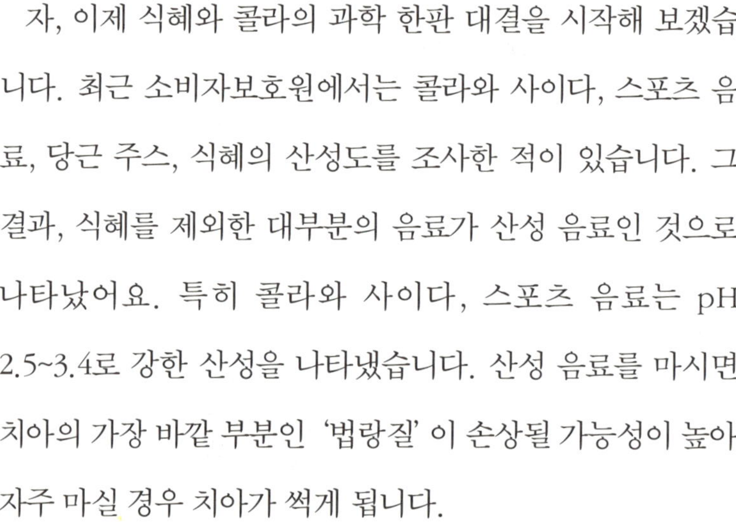

　　자, 이제 식혜와 콜라의 과학 한판 대결을 시작해 보겠습니다. 최근 소비자보호원에서는 콜라와 사이다, 스포츠 음료, 당근 주스, 식혜의 산성도를 조사한 적이 있습니다. 그 결과, 식혜를 제외한 대부분의 음료가 산성 음료인 것으로 나타났어요. 특히 콜라와 사이다, 스포츠 음료는 pH 2.5~3.4로 강한 산성을 나타냈습니다. 산성 음료를 마시면 치아의 가장 바깥 부분인 '법랑질' 이 손상될 가능성이 높아 자주 마실 경우 치아가 썩게 됩니다.

　　더구나 콜라에는 칼슘 흡수를 방해하는 '인산' 이 들어 있습니다. 칼슘이 부족해지면 뼈가 잘 자라지 않고 골다공증에 걸릴 위험이 높아지죠. 또 청량음료에 많이 들어 있는 당분도 적지 않은 문제입니다. 청량음료에는 흡수한 당분을 에너지로 만드는 비타민이나 무기질 등의 영양소가 없기 때문에 오히려 우리 몸속의 비타민을 빼앗습니다. 따라서 청량음료를 많이 마시면 쉽게 피로를 느끼고 입맛이 떨어지는 한편 에너지로 바뀌고 남은 당분이 지방으로 전환되어 살이 찌게 되는 것이지요.

　　이에 비해 식혜에는 맥아당과 올리고당이 함유되어 있어

장에 유익한 비피더스 균이 많아지게 하는 효과가 있습니다. 따라서 식혜를 먹으면 소화가 잘 되고 체중이 줄며 변비를 예방할 수도 있습니다. 또한 식혜는 다른 음료수와는 달리 쌀을 주원료로 하여 만들므로 배가 고플 때에 먹어도 좋습니다.

자, 이제 여러분은 치아를 썩게 할 위험이 많고 아무런 영양소가 없는 콜라와 소화에 도움을 주고 밥에서 나오는 영양소가 많이 들어 있는 식혜 중 어떤 것을 선택할 건가요?

천하제일미 소금, 적게 먹어야

혹시 여러분은 '앨빈 토플러' 박사에 대해 들어본 적 있나요? 앨빈 토플러 박사는 농업 혁명과 산업 혁명에 이어 지식 혁명인 '제 3의 물결'을 주장하여 널리 알려진 금세기 최고의 미래학자입니다. 그런데 앨빈 토플러 박사는 미래에 살아남을 좋은 음식으로서 젓갈과 된장 같은 발효 식품을 제 3의 식품으로 꼽았습니다. 그만큼 우리나라의 전통 발효 식품은 이제 전 세계적으로도 뛰어난 식품으로 인정받고 있어요.

“하지만 이처럼 뛰어난 우리 음식 문화에도 문제가 하나 있지. 그게 뭔지 알겠니?”

역시 아빠는 그냥 넘어가지 않습니다. 그런데 이번 문제는 만만치 않을걸요. 전통 음식이 지닌 문제점이라……. 무조건 좋을 것만 같은 우리 음식에 과연 무슨 단점이 있을까요?

“엄마는 알고 계세요?”

나는 어쩔 수 없이 엄마에게 도움을 요청할 수밖에 없었습니다.

“잘 생각해 봐. 젓갈이나 간장 같은 음식의 공통점이 뭔지…….”

엄마는 답을 이미 알고 있는 듯 빙그레 웃으며 힌트를 주었습니다.

“아, 생각났어요. 혹시 짠맛 아닌가요?”

“맞았어. 정답은 바로 소금이야.”

아빠는 왜 소금이 우리 음식 문화에서 문제점으로 꼽히는지에 대해 설명하기 시작했습니다.

소금은 부패를 막아 주는 방부 작용과 유용한 미생물의

증식을 조절하는 발효 조정 작용을 지니고 있답니다. 때문에 젓갈이나 김치, 장아찌, 된장, 간장 등의 짠맛을 내는 발효 식품에 반드시 들어가게 마련이죠. 또 삼투압 현상으로 식료품의 수분을 빼는 작용을 하므로 절임 채소, 생선 절임 등에도 소금이 쓰이고 있습니다.

냉장고가 없던 까마득한 원시시대에 인류는 고기나 야채를 구하면 그때그때 먹을 수밖에 없었습니다. 그냥 두면 금방 썩어 버려 먹을 수가 없기 때문이죠. 그러다가 식품을 오래 보존하려면 말리면 된다는 것을 알았습니다.

또 소금을 이용하면서 소금으로 절이는 '염장법' 이 등장했습니다. 소금에 절여 놓으면 냉장고가 없어도 생선이나 육류를 상하지 않고 보관할 수 있었죠. 이처럼 소금은 생활 필수품으로 대접받았는데, 얼마나 소금을 중요하게 여겼는지 잘 알려주는 일화를 하나 소개하겠습니다.

임진왜란 때 우리나라를 도우러 온 명나라 장수 이여송은 도착하자마자 아주 까다로운 요구를 했습니다. 자신은 천하제일미가 있어야 밥을 먹을 수 있고, 소상반죽이 있어야 반찬을 먹을 수 있다고 한 거죠.

조선의 영접관들은 천하에서 제일 뛰어난 맛을 뜻하는 천하제일미가 도대체 무엇인지 알지 못해 당황했습니다. 그때 도제찰사를 지내던 유성룡이 소금 한 그릇과 대나무로 만든 젓가락을 이여송 앞에 내놓았습니다. 그러자 이여송은 조선에도 큰 인물이 있음을 인정하고 더 이상 거만하게 굴지 않았다고 합니다.

그 천하제일미란 다름 아닌 소금이었습니다. 아무리 좋은 음식도 간이 맞지 않으면 맛이 없으므로 이여송은 소금을 천하제일미로 칭한 것이지요. 동양뿐만 아니라 서양에서도 소금은 예로부터 아주 귀하게 대접 받았습니다.

그처럼 소중한 소금이 왜 우리 음식 문화에서 문제라는 걸까요? 그 이유를 가장 쉽게 이해하기 위해서는 아마존 유역에 사는 야노마모 족을 주목할 필요가 있습니다. 야노마모 족은 아주 정상적인 혈압을 지니고 있어 평균 수명이 여자는 96세, 남자는 104세나 됩니다. 그 비결은 이들이 소금을 먹지 않는다는 데 있습니다.

소금 속의 나트륨은 수분을 끌어들이는 성질이 있으므로 소금을 많이 먹으면 혈액량이 늘어나 고혈압이 발생하기 쉽습니다. 하지만 우리나라 음식에는 국이나 찌개류가 많아 소금의 함유량이 꽤 높습니다. 또 김치나 젓갈, 간장, 된장 등 짠 음식도 많지요. 세계보건기구(WHO)에서 정한 1일 소금 섭취 권장량이 5그램인데 비해 우리나라 성인의 1일 평균 소금 섭취량은 무려 13.5그램입니다. 우리가 얼마나 소금을 많이 먹고 있는지 알겠죠.

따라서 아무리 좋은 발효 음식이라 할지라도 짜게 먹는 습관을 없애 소금 섭취량을 줄일 필요가 있습니다. 꼭 소금뿐만이 아니라 아무리 좋은 것이라 해도 너무 지나치면 몸에 좋지 않으니까요.

나물은 겨울 밥상의 영양 보고

"엄마, 웬 나물을 이렇게 많이 했어요?"

고소한 냄새가 코를 찔러 부엌으로 가 보니 온통 나물로 가득합니다. 고사리나물과 취나물, 도라지나물, 고구마순, 호박고지 등 가지각색의 나물들을 그릇에 담느라 엄마는 바쁘게 움직입니다.

"오늘이 바로 정월 대보름이잖니. 설날엔 떡국, 추석엔 송편을 먹는 것처럼 대보름날에는 무슨 음식을 먹게요?"

엄마는 기분이 좋은지 나를 바라보며 장난스런 말투로 물었습니다. 직접 음식을 만들기 시작한 뒤로 엄마는 더욱 바빠졌지만, 내가 느끼기에도 전보다 훨씬 웃음이 많아졌습니다. 그건 아빠와 나도 마찬가지고요. 그러고 보니 요즘엔 아빠보다 오히려 엄마가 더 적극적으로 우리 집 밥상 혁명을 이끌고 있는 듯합니다.

"대보름이면 당연히 오곡밥과 부럼을 먹는 날이죠."

"그래, 맞았어. 그리고 거기에다 아홉 가지 나물도 빠져선 안 되지, 그래야 올 여름에 더위를 타지 않게 되거든."

그러고 보니 하나, 둘, 셋, 넷…… 여덟, 아홉, 정말 나물이 아홉 가지나 되네요. 먹음직스러운 오곡밥에다 아홉 가지 나물까지, 저걸 다 먹으면 엄마 말대로 한여름에도 더위를 타지 않을 수 있을 것 같았어요.

“하하, 더위를 타지 않는다는 것은 재미있으라고 하는 말이고 사실은 겨우내 부족해지기 쉬운 비타민과 무기질 같은 영양소를 갖가지 나물로 보충하라는 뜻이 담겨 있어.”

언제 오셨는지 아빠가 식탁에 앉으며 엄마의 말을 받았습니다. 아빠가 엄마와 나의 대화에 왜 끼어들었는지 여러분도 눈치 챘지요? 자, 그럼 이번엔 우리나라 전통 식생활의 지혜가 가장 잘 담겨 있는 나물에 대해 알아보겠습니다.

아름다운 물물교환, 나물서리

‘도라지 도라지 백도라지 심심산천에 백도라지’.

웬 노래냐고요? 이 노래는 아리랑과 함께 우리나라의 대표적인 민요로 꼽히는 ‘도라지 타령’입니다. 도라지는 대보름날 먹는 아홉 가지 나물에도 들어 있는데, 인삼만큼 ‘사포닌’ 성분이 많아서 혈액을 맑게 해 주기로 유명하지요. 그래서인지 조선시대에는 궁중에서도 자주 먹던 귀한 식품이었습니다.

우리나라 민요 가운데는 도라지 타령 말고도 고사리 타령과 미나리요, 나물 노래 등 나물을 소재로 한 노래가 참으로 많습니다. 그만큼 나물이 우리 민족의 생활과 밀접한 식품이란 증거겠죠. 조선 시대에는 우리 산과 들에서 나는 나물이 무려 851종에 이르렀다고 기록되어 있고, 지금도 우리가 먹고 있는 나물은 약 300여 종에 이릅니다. 참으로 그 종류가 다양하고도 많죠.

그런 까닭에 나물은 우리나라의 대표적인 구황 식품이기도 했습니다. 구황 식품이 뭐냐고요? '구황(救荒)'이란 말 그대로 굶주림에서 벗어나게 한다는 뜻입니다. 요즘에야 이것저것 먹을 게 많지만, 몇 십 년 전만 해도 '보릿고개'란 것이 있었다고 해요. 가을에 거둔 곡식을 다 먹고 난 뒤 보리가 채 열리기 전인 초봄까지는 먹을 양식을 구하기가 아주 힘들었답니다. 그래서 생겨난 말이 보릿고개인데, 봄이 되어 산과 들에 새싹을 내민 나물들이 바로 봄철의 굶주림을 면하게 해 준 구황 식품이었던 것이지요.

"수박서리나 참외서리라는 말은 들어본 적 있지? 그처럼 예전에는 나물서리라는 것도 있었어."

'서리'라는 것은 과수원의 과일이나 논밭의 곡식을 주인

몰래 조금씩 따 아이들끼리 나누어 먹었던 옛 놀이입니다.
그런데 임자가 없는 나물도 서리를 했다니 도대체 어떻게
된 일일까요?

아빠의 말에 따르면 나물서리는 어렵던 시절 우리 조상들
이 나누던 아름다운 풍속이었다고 합니다. 이른 봄, 산과 들
에 파릇파릇 나물이 돋기 시작하면 동네 아낙네들은 하루
종일 산나물을 따다가 잘 고르고 다듬은 뒤 커다란 광주리
에 이고는 마을의 부잣집으로 갔습니다. 그리고 마당에 산

나물 광주리를 내려놓으면 부잣집 마나님이 큰 바가지에 곡식을 가득 담아 와서는 나물과 맞바꾸었다는 거죠.

그것은 보릿고개를 넘기기 위한 우리 조상들의 지혜와 배려가 담긴 아름다운 물물교환이었습니다. 그 힘들다던 보릿고개에 가난한 서민들은 나물을 뜯어 양식을 얻을 수 있었고, 부잣집에서는 먹고 싶은 봄나물을 제 때 먹을 수 있어 좋았던 것이지요.

묵은 나물의 비밀

그런데 한 가지 의문점이 있습니다. 요즘에는 비닐하우스 덕에 겨울철에도 싱싱한 과일과 야채가 많이 나오지만 옛날에는 정월 대보름에 무슨 수로 아홉 가지나 되는 나물을 먹을 수 있었을까요?

"그것이 바로 나물의 비밀이기도 해. 대보름에 먹는 나물은 대부분 묵은 나물이란다. 즉, 가을에 거둔 나물을 잘 말려서 보관해 두었다가 겨우내 먹는 나물이란 뜻이야."

엄마는 나물을 가득 담은 그릇을 식탁에 내려놓으며 내

궁금증을 풀어 주었습니다. 그리고 묵은 나물이야말로 겨울철 밥상의 영양 보고이며, 그 가운데 가장 대표적인 것이 '시래기' 라고 했습니다. 요즘도 시골집에 가면 뒤뜰 추녀 밑에 주렁주렁 매달려 있는 바로 그 시래기 말이에요.

그런데 시래기라고 하면 흔히 쓰레기로 잘못 알아듣는 경우도 있습니다. 예전에는 정말 시래기가 쓰레기처럼 흔하고 값싼 식품 취급을 받기도 했어요. 유난히 얼굴이 허옇거나 기운 없어 보이는 아이들에게 '시래기죽도 한 그릇 못 얻어먹었느냐' 라고 할 정도였으니까요. 아주 흔했던 만큼, 동시에 천대 받던 음식이기도 한 까닭이었죠. 하지만 시래기가 가진 장점이 속속 밝혀지면서 요즘은 웰빙 식품으로 귀한 대접을 받고 있습니다.

시래기는 채소 중에서 식이섬유와 칼슘이 가장 많이 들어 있는 식품입니다. 흔히 칼슘이 가장 많은 채소로 시금치가 꼽히는데, 시래기는 시금치의 2배에 이르는 칼슘을 함유하고 있거든요. 또 시래기 100그램에는 식이섬유가 11그램이나 들어 있어서 장 속의 독성 물질을 없애 주는 역할도 합니다. 그러니 인스턴트 식품이나 패스트푸드를 많이 먹는 현대인들에게는 더할 나위 없이 좋은 먹을거리인 셈이죠.

또한 시래기는 칼로리가 적기 때문에 아무리 먹어도 살이 찌지 않는 다이어트 식품이기도 합니다. 철분이 많아서 빈혈 예방에도 좋지요. 그뿐만이 아닙니다. 시래기처럼 고기와 궁합이 잘 맞는 식품도 없다고 해요. 고등어조림을 할 때나 붕어찜을 할 때 시래기를 함께 넣으면 비린내를 없애 줄 뿐더러 맛을 아주 좋게 해 줍니다. 감자탕이나 돼지갈비찜에 넣어도 맛이 그만이죠. 어때요, 시골집 추녀 밑에서 비쩍 말라비틀어진 시래기가 이처럼 영양가 있고 맛있는 음식 재료인 줄 미처 몰랐죠?

"또 하나 재미있는 것은 시래기에도 우리 조상들이 경험으로 깨우친 과학이 숨어 있다는 점이지."

이번에는 아빠가 말을 이었습니다. 시골집 어디에서나 볼 수 있는 시래기에 과학이 숨어 있다니 그게 무슨 말일까요? 그러나 아빠의 말을 듣고 보니 그냥 말리기만 한다고 다 시래기가 되는 것은 아닌 모양입니다.

시래기를 말릴 때 중요한 점은 그늘에 말려야 한다는 것입니다. 햇볕에 말리게 되면 색깔이 누렇게 변하는데, 그것은 무청의 엽록소가 햇볕에 파괴되어 나타나는 현상입니다. 따라서 시래기는 통풍이 잘 되고 그늘진 곳에 말려야 엽록소와 비타민C가 파괴되지 않고 푸른색을 띠게 됩니다.

우리 조상들의 지혜는 여기에 그치지 않았습니다. 무청을 끓는 물에 살짝 데친 다음 그늘에 말리면 시래기의 색깔이 더욱 보기 좋은 녹색이 되거든요. 채소는 오래 보관할수록 영양소가 지속적으로 파괴된다는 단점이 있습니다. 채소에 든 어떤 효소의 영향 때문이지요. 그런데 살짝 데쳐서 그 효소의 작용을 억제시키면 영양소가 파괴되는 것을 막을 수

있을뿐더러 빛깔이 바래는 것도 막을 수 있었던 것입니다. 그뿐 아니라 시래기는 말리는 과정에서 비타민D까지 새로 생겨난다고 합니다. 비타민D는 칼슘의 흡수를 돕는 성분인데, 말리는 과정에서 애초에 없던 성분까지 새로 만들어진다니 정말 놀라울 뿐이에요.

그런가 하면 무말랭이도 말리면 더 좋은 성분이 생겨나는 사례 가운데 하나입니다. 무를 잘라 말리면 수분이 증발하면서 영양분이 농축됩니다. 또 무의 잘린 단면에서 세포를 복구하기 위해 '베타글루칸' 이라는 면역 증강 물질이 많이 만들어진다고 해요. 싱싱한 무의 아삭아삭 씹히는 맛과 영양도 일품이지만 채로 썰어서 말린 무말랭이도 그에 못지않다는 것을 알겠죠? 이처럼 묵은 나물에는 우리 조상들의 지혜가 곳곳에 숨어 있었어요.

우리나라 음식의 특징은 채식 위주라는 점입니다. 그 중에서도 나물은 채식 문화의 바탕을 이루는 기본 식품이라고 할 수 있죠. 그럼 서양에는 이 같은 음식이 없을까요?

그야 물론 있습니다. 갖가지 채소를 독특한 소스에 버무려 먹는 샐러드가 바로 그것이죠. 피자 같은 패스트푸드를 먹을 때 함께 먹는 샐러드 맛은 꽤 맛이 있습니다. 피자보다 샐러드를 더 좋아하는 사람도 있을 정도니까요. 양상추와 샐러리, 치커리 같은 싱싱한 채소와 어우러진 달콤하면서도 고소한 소스 맛이 정말 독특하죠.

자, 그러니 이번에는 우리의 나물과 서양 샐러드의 과학 한 판 대결도 피할 수 없게 되었네요. 그럼 시작해 볼까요?

우선 샐러드는 데치거나 말린 나물과는 달리 싱싱한 채소만 먹으니까 몸에 더 좋을 것 같습니다. 하지만 최근에 나온 연구에 의하면 생야채만 먹을 경우 오히려 영양소가 결핍되기 쉽다고 하는군요. 또한 채소를 푹 삶으면 수용성 비타민 등 영양소가 파괴되지만 나물처럼 살짝 데치는 조리법은 오히려 불순물이나 독소를 제거할 수 있어 몸에 더 좋다고 합니다.

실제로 해 본 실험에서도 그런 사실이 밝혀졌습니다. 당근과 깻잎, 부추, 미나리를 살짝 데친 뒤 베타카로틴 양을 측정해 보니 데치기 전보다 오히려 그 함유량이 높아진 것으로 나타났습니다. 녹황색 채소에 들어 있는 베타카로틴은 활성산소를 억제하고 항암 효과를 지닌 몸에 유익한 물질이에요. '활성산소'는 우리가 숨을 쉴 때 마시는 산소하고는 전혀 다른 것입니다. '유해산소'라고도 하는데, 세포의 기능을 떨어뜨리거나 변질시킬 수 있을 만큼 산화력이 강한 산소를 말하거든요.

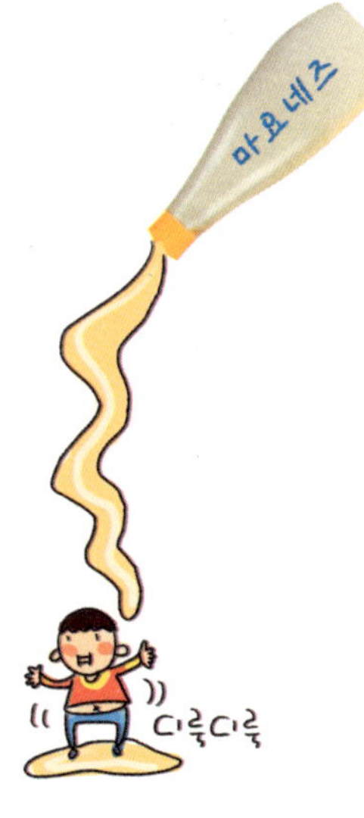

그런가 하면 나물과 샐러드는 섭취량에 있어서도 제법 차이가 납니다. 채소의 1일 섭취 권장량은 약 300그램입니다. 그런데 샐러드의 생야채는 부피가 크므로 300그램을 먹으려면 무려 세 접시나 먹어야 합니다. 이에 비해 나물은 한 소쿠리 가득이라 해도 데친 뒤 물기를 짜고 나면 한 접시가 채 되지 않죠. 그 때문에 나물 한 그릇을 먹으면 샐러드 세 접시 정도 먹은 것과 비슷해 채소의 1일 섭취 권장량을 충분히 채울 수 있습니다.

자, 팽팽하던 힘의 균형이 슬슬 나물 쪽으로 기울고 있군요. 90% 이상이 수분인 생야채 샐러드를 한 접시 먹는 것과 비타민, 미네랄, 엽록소, 섬유질 등이 압축된 나물 한 접시 중 어느 것이 더 몸에 좋을지는 이제 여러분도 알 수 있겠죠? 게다가 샐러드에 얹어 먹는 마요네즈나 오일 같은 드레싱에는 지방이 많아 열량이 나물의 3배에 달합니다. 단순히 채소만 많이 먹는다고 좋은 게 아니라는 것쯤은 이제 여러분도 알지 않았을까요?

나물이 전쟁의 승패를 가르다

　아시아의 작은 나라 일본이 유럽의 대국 러시아를 이긴 '러일전쟁'은 제 1차 세계대전의 전초전이기도 했습니다. 또 러일전쟁에서의 승리로 일본은 대한제국의 지배권을 확립하고 만주로 진출하게 되었죠. 그런데 러일전쟁에서 러시아가 패배한 원인이 나물과 관련되어 있다는 사실을 혹시 알고 있나요?

　러일전쟁 초기, 승패를 갈랐던 전투는 20세기 최초의 대전투로 기록된 '여순 전투'였습니다. 러시아가 여순항을 방어할 목적으로 구축한 여순 요새는 당시 러시아가 자랑하는 난공불락의 요새였어요. 이 요새를 빼앗으려는 일본군과 지키려는 러시아군 사이에 치열한 전투가 벌어져 양쪽 다 큰 피해를 입었습니다. 일본군도 2만 명 이상의 사상자를 낼 만큼 피해가 막심했으니까요.

　그럼에도 불구하고 일본군이 여순 요새를 함락시킬 수 있었던 것은 러시아군 사이에 퍼진 괴혈병 때문이었습니다. 괴혈병은 비타민C가 부족해져 생기는 병입니다. 간단하게 말하면 오랫동안 채소를 먹지 못해서 걸리는 병이죠.

그때 여순 요새의 창고에는 육류 통조림과 밀가루가 산더미처럼 쌓여 있었습니다. 물론 만주의 특산물인 콩도 많이 쌓여 있었죠. 하지만 러시아 군인들은 우리나라 사람처럼 콩으로 콩나물을 길러 먹는 법을 전혀 몰랐습니다. 만약 그런 방법으로 채소를 섭취했더라면 어떻게 되었을까요? 또 육류와 밀가루뿐만 아니라 우리나라처럼 묵은 나물을 마련해 두었더라면 과연 어떻게 되었을까요?

우리나라의 나물은 인스턴트식품과 서구화된 식습관으로 비타민 섭취가 부족한 현대인에게 꼭 필요한 식품입니다. 특히 토양 오염이 적은 산과 들에서 자란 야생 산나물은 각종 미네랄을 풍부하게 공급해 주는 최고의 먹을거리이기도 하죠. 미네랄은 주로 광석에 포함된 광물질이므로 사람은 공기, 물, 흙 같은 자연환경으로부터 직접 미네랄을 흡수할 수 없고, 체내에서 합성할 수도 없습니다. 따라서 미네랄은 토양에서 식물이 흡수한 것을 섭취하는 수밖에 없지요.

우리나라 사람들은 김치를 많이 먹으므로 식이섬유를 충분히 섭취하는 편입니다. 그러나 배추에 들어있는 식이섬유는 물에 녹지 않는 식이섬유라서 대장 기능을 향상시키는 효과가 적은 편입니다. 하지만 녹색 채소와 산나물에 많이 함유되어 있는 식이섬유는 수분이 많은 식이섬유이므로 그런 걱정을 할 필요가 없습니다.

뿐만 아니라 나물에는 엽록소가 많습니다. 엽록소는 식물의 광합성에서 가장 중요한 구실을 하는 성분인데, 오직 식물을 통해서만 섭취할 수 있는 물질입니다. 엽록소는 혈액을 맑고 깨끗하게 해 주는 해독 및 정화 작용을 합니다. 고기를 먹을 때 푸른 채소를 함께 먹으면 좋다는 것도 바로 그 때문이죠.

영화나 드라마를 보면 독사나 독벌레에 물렸을 때 풀잎을 찧어 붙이는 장면을 본 적이 있을 것입니다. 그것은 엽록소가 살균 작용을 해 주기 때문에 풀잎으로 응급조치를 하는 것입니다. 또 쇠비름, 두릅, 인진쑥, 도라지, 익모초, 씀바귀, 냉이, 달래, 취나물, 돌나물 등의 나물은 항암 작용이 뛰어난 것으로도 알려져 있습니다. 이처럼 몸에 좋은 나물을 된장 양념으로 무치거나 된장국에 넣어 먹으면, 아마 그만한 웰빙 식품도 없을 거예요.

삼색나물에 담긴 색깔의 의미

오늘 우리 가족의 점심 식사는 비빔밥입니다. 다른 휴일 같았으면 이맘때쯤 또 배달 음식점 전화번호부를 뒤적거리고 있었을지 모르지만, 오늘은 일찌감치 먹음직스러운 비빔밥 세 그릇이 식탁에 올랐습니다. 지난 대보름 때 먹고 남은 나물로 만든 것이죠.

"두리야, 비빔밥의 기원이 어디에서 비롯된 줄 알고 있니?"

"글쎄요. 혹시 대보름 아닌가요? 아홉 가지씩이나 되는 나물을 따로 먹기 힘드니까 우리처럼 이렇게 비벼 먹었을 것 같아요."

"비빔밥은 마을의 조상신에게 제사를 지내는 동제에서 유래한 음식이야. 제사를 지낸 뒤 마을 사람들이 사당에 모여 갖가지 제사 음식을 넣어 비벼서 함께 먹은 데서 비빔밥이 탄생한 거지."

아빠는 한 입 가득 넣은 비빔밥을 맛있게 먹으며 말을 이었습니다.

　제삿상에는 보통 도라지와 시금치, 고사리를 일컫는 삼색
나물을 올렸다고 합니다. 왜 하필 삼색나물이냐고요? 거기
에도 숨겨진 의미가 있습니다.

　흰색의 도라지는 뿌리나물이므로 조상을 상징합니다. 또
검은색을 대신하는 고사리는 줄기나물이므로 부모를, 잎나
물인 청색의 시금치는 나 자신을 가리키는 것입니다. 즉, 삼
색나물에는 과거와 현재, 미래를 상징하는 의미가 담겨 있
는 거죠.

　그밖에도 비빔밥에 넣는 오색 나물을 비롯하여 국수에 넣
어 먹는 오색 고명 등 우리나라 음식에는 화려한 색을 사용

하는 음식이 유난히 많습니다. 산해진미를 그릇에 담아 숯불로 끓여 먹는 신선로와 구절판, 다식 같은 음식에도 청색, 적색, 백색, 흑색, 황색의 다섯 가지 색이 들어가죠.

이와 같은 다섯 가지 색을 사용한 음식을 '오방색 음식'이라 합니다. 그럼 왜 오방색을 사용한 것일까요? 거기에 맛 말고 다른 이유라도 있을까요? 그 의미를 가장 잘 나타내 주는 음식으로 '탕평채'가 있습니다.

초나물에 묵을 썰어 넣고 섞은 탕평채는 조선 영조 때 처음 만들어진 음식입니다. 그때 조정은 당파 간의 싸움으로 인해 매우 혼란스러웠습니다. 처음엔 동인과 서인으로 나뉘어 있던 당파가 다시 동인이 남인과 북인으로 갈리고, 서인은 노론과 소론으로 분리되었습니다. 그러고는 서로 비방하며 권력 다툼을 벌여 임금도 마음대로 할 수 없는 지경에 이르렀던 것입니다. 이에 영조는 당파 간의 대립을 막기 위해 각 당파에서 고르게 인재를 등용하는 '탕평책'을 생각해 냈습니다. 그 탕평책이라는 정책을 논하는 자리에 처음 올랐던 음식이 바로 탕평채였던 거죠.

그럼 영조는 왜 오방색이 들어 있는 탕평채란 음식을 내

오게 한 것일까요? 당시 각 당파는 음양오행설에 따라 각기 대표하는 색을 지니고 있었습니다. 즉, 동인은 동쪽을 의미하는 푸른색, 남인은 붉은색, 북인은 검은색, 서인은 흰색을 상징했습니다. 오방색 가운데 가장 고귀한 색으로 여겨진 황색은 국왕을 상징하여 오직 임금만이 황색 옷을 입을 수 있었습니다.

청포묵(흰색)과 미나리(푸른색), 쇠고기볶음(붉은색), 석이버섯(검은색)과 노란색의 달걀 지단 등이 들어 있는 탕평채에는 이처럼 각 당파의 화합을 바라는 마음이 담겨 있었습니다.

다섯 가지 색깔의 음식이 골고루 섞여야 제 맛을 낼 수 있는 탕평채란 음식을 통해 임금이 하고 싶은 말을 신하들에게 전한 셈이죠. 실제로 탕평채는 맛뿐만 아니라 갖가지 재료들로 인해 영양도 뛰어납니다.

단순히 색깔을 맞추기 위해 담아내던 것으로 생각한 삼색나물과 오색나물에 이처럼 깊은 지혜와 뜻이 담겨 있을 줄은 나도 몰랐어요. 여러분도 오늘은 가족과 비빔밥을 만들어 먹으며 그 깊은 맛과 뜻을 한번 느껴 보는 건 어떨까요?

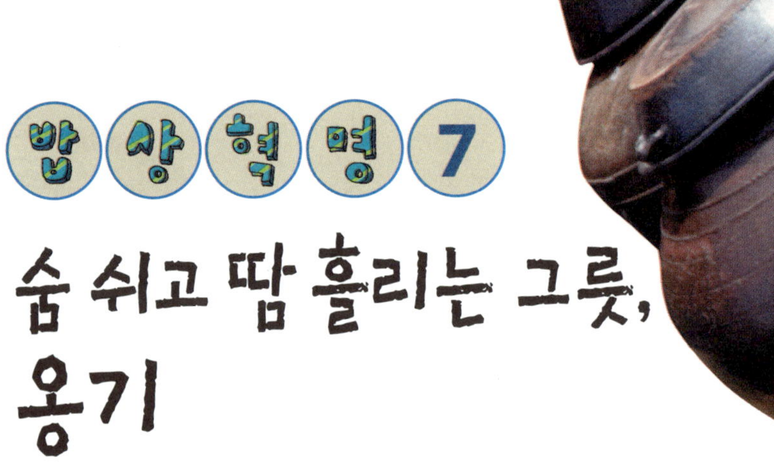

밥 상 혁 명 7
숨 쉬고 땀 흘리는 그릇, 옹기

참으로 맑고 투명한 햇살입니다. 그 사이로 두툼한 뭉게구름 몇 점이 두둥실 떠다닙니다. 맨 뒤에 놓인 큰 독에는 양을 닮은 구름이, 그 앞에 놓인 중간 크기의 독에는 솜사탕 모양의 구름이 박혀 있습니다.

여기가 어디냐고요? 이곳은 우리 할아버지 댁 앞마당에 있는 장독대입니다. 명절이 아닌데도 남해안의 작은 시골 마을에 있는 할아버지 댁에 온 것은 다 이유가 있습니다. 바로 저번에 엄마가 끓인 된장찌개 때문이죠.

그날 이후 엄마는 시골 할아버지 댁에서 된장과 고추장을 직접 가져다 먹기로 결심했고, 오늘 드디어 우리 가족 모두

가 내려온 것입니다. 할머니는 장독 뚜껑을 열고 엄마가 챙겨 온 그릇에 된장과 고추장을 퍼 담습니다.

예전엔 미처 몰랐지만 오늘 보니 장독대에 장독이 아주 많습니다. 뒤쪽에 키가 큰 독부터 중간키의 독, 앞쪽에는 키가 작은 독들이 마치 조회 시간에 줄을 선 초등학생들처럼 키를 맞춰 나란히 놓여 있습니다.

“아빠, 장독이 왜 이렇게 많아요?”

“큰 독에는 간장, 중간 독에는 된장이나 고추장, 막장이 담겨 있고, 맨 앞쪽 작은 독들에는 장아찌와 깨, 조청 같은 밑반찬과 양념들이 들어 있어.”

아빠는 일일이 손으로 가리키며 알려 주었습니다. 그리고 우리나라에는 발효 음식이 많기 때문에 이처럼 독도 많아야 한다고 했어요. 대체 발효 음식과 장독이 무슨 상관이 있기에 그런 말씀을 한 걸까요? 그걸 이해하려면 먼저 장독을 일컫는 옹기라는 그릇부터 알아야겠죠.

질그릇에 든 물은 왜 시원할까?

‘옹기’란 질그릇과 오지그릇을 통틀어 가리키는 말입니다. 질그릇과 오지그릇이라니 갈수록 태산이네요. 그럼 우선 질그릇이 무엇인지부터 차근차근 알아보도록 하겠습니다.

‘질그릇’이란 진흙으로 빚어 유약을 칠하지 않고 그대로 구운 것을 말합니다. 굽는 온도에 따라 질그릇은 크게 두 가지로 나뉘는데, 900℃가 안 넘는 비교적 약한 불에 구운 것과 1200℃의 높은 온도에서 구운 것이 있습니다. 약한 불에 구운 것은 떡시루 같은 작은 그릇들이며, 높은 온도에서 구운 것은 물이나 김치를 담는 독처럼 큰 종류예요.

이에 비해 '오지그릇' 은 '약토' 라고 하는 흙과 나뭇재를 섞어 만든 유약을 칠한 뒤에 1200℃ 정도의 온도에서 구운 그릇을 가리킵니다. 그러니까 유약을 칠했느냐 안 칠했느냐에 따라 오지그릇과 질그릇으로 나뉘는 거죠. 별로 다를 것 없어 보이지만 그로 인해 질그릇과 오지그릇은 많은 차이를 보입니다.

아프리카나 동남아시아 같은 열대지방에 가 보면 빗물을 질그릇에 받아 보관하면서 먹는 물로 쓰는 모습을 흔히 볼 수 있습니다. 우리나라도 옛날부터 물이 귀했던 제주도에서는 질그릇을 물통으로 쓰곤 했죠. 그 까닭은 질그릇에 물을 담아 두면 물이 오랫동안 변하지 않는데다가 언제나 시원한 물을 마실 수 있기 때문입니다. 옹기는 원래 조그만 숨구멍이 있어서 공기가 통하는데, 유약을 칠하지 않은 질그릇은 바람만 통하는 것이 아니라 물도 아주 조금씩 새게 됩니다. 때문에 질그릇 내부로 조금씩 스며든 물이 밖에서 기화되면서 그 속에 담긴 물을 시원하게 해 준다는 것이지요.

하지만 나는 선뜻 그 말을 이해할 수 없었습니다. 질그릇이 냉장고도 아닌데 늘 시원한 물을 마실 수 있다니요. 나는 아빠에게 물었습니다.

"기화는 물이 수증기로 변하는 현상이잖아요. 그런데 왜 질그릇 속의 물이 시원해지는 거죠?"

"거기에도 과학 원리가 숨어 있어. 무더운 여름날 마당에 물을 뿌리면 좀 시원해지지 않니? 또 주사를 맞을 때 소독약을 바르면 팔이 시원해지잖아. 바로 그런 것과 똑같은 원리야."

아빠는 기화 작용이 일어나면 왜 주변이 시원해지는지에 대해 설명을 시작했습니다. 여러분도 잘 알다시피 물질은 고체, 액체, 그리고 기체라는 세 가지 상태로 되어 있습니다. 그 중 고체일 때 에너지가 가장 낮고 액체는 중간이며 기체일 때의 에너지가 가장 높습니다.

따라서 액체인 물이 기체인 수증기로 변하는 기화 작용이 일어나면 주위의 열을 흡수하게 됩니다. 즉, 주위의 열을 빼

앗아 가니 당연히 주위가 시원해질 수밖에 없죠. 실제로 질그릇에 담긴 물은 표면으로 조금씩 스며 나온 물이 기화되면서 바깥 온도보다 약 5~10℃ 정도 낮아 시원하게 느껴진답니다.

옹기는 숨을 쉰다

숨을 쉬는 옹기! 이제야 알겠습니다. 된장과 간장, 김치 같은 발효 음식이 우리나라에 유난히 많은 것은 다 숨을 쉬는 옹기 덕분이었어요. 그 안에서 미생물이 살며 우리 몸에 좋은 성분을 만들며 발효되려면 옹기처럼 숨을 쉬는 그릇이 필요하겠죠.

그런데 가만히 생각해 보면 참으로 신기하기만 합니다. 폐나 아가미 같은 호흡 기관이 있는 것도 아닌데 옹기가 숨을 쉬다니요. 그럼 혹시 호흡 기관이 없는 지렁이나 거머리처럼 피부 호흡을 하는 것일까요?

"와아, 이제 우리 두리도 전문가가 다 됐네? 네 말이 맞아. 어떻게 보면 피부 호흡이라고도 할 수 있지. 눈에 안 보이는 미세한 구멍으로 옹기가 숨을 쉬니까 말이야."

　아빠는 모처럼 내 말에 맞장구를 쳤습니다. 옹기는 겉으로 볼 때는 매끈해 보이지만 전자현미경으로 단면을 확대해서 보면 아주 미세한 구멍이 수없이 많다고 합니다. 그 구멍은 너무 작아서 공기는 통과시키지만 물이나 그밖의 내용물들을 통과시키지 않죠. 물론 유약을 칠하지 않은 질그릇의 경우 물을 아주 조금씩 통과시키기는 하지만 말입니다.

　그럼 옹기에는 왜 이 같은 작은 구멍들이 생긴 걸까요? 옹기는 굽는 동안 최소 800℃ 이상의 높은 온도를 오랫동안 받게 됩니다. 그렇게 되면 옹기 벽에 루사이트 현상이 나타납니다. ‘루사이트’ 란 ‘백류석’ 이라고도 부르는 일종의 화산암인데, 옹기 벽에 그처럼 작고 동그란 구멍이 생긴다는 뜻입니다. 즉, 옹기의 재료에 포함되어 있던 결정수들이 열을 받아 빠져 나가면서 미세한 구멍이 생기는 것이지요. 이렇게 생긴 구멍들은 산소 분자보다는 훨씬 크고 물방울보다는 훨씬 작기 때문에 옹기는 숨을 쉴 수 있습니다. 따라서 물보다는 작고 산소보다는 큰 소금이나 설탕 등이 옹기 표면으로 흘러나가 맺히기도 해요. 이를 두고 ‘옹기가 땀을 낸다’ 고 표현하는데, 간장독이나 된장독에 허옇게 소금기가 서리는 현상을 볼 수 있는 것도 바로 그 때문입니다. 따라서 옛날 어른들은 이처럼 땀을 내는 옹기를 좋은 옹기로 쳐 주었지요.

　하지만 된장이나 간장, 김치 같은 발효 식품의 경우에는 소금기가 너무 많이 빠져 나가면 좋지 않겠죠. 따라서 그런 발효 식품은 질그릇 대신 오지그릇에 담아 보관했습니다.

약토와 재를 섞어 만든 유약을 입혀 구우면 표면이 매끄러워지면서 바람은 통해도 물은 통하지 않게 막아 주거든요.

하지만 유약에도 몇 가지 종류가 있습니다. 반들반들 빛이 나는 옹기는 보기에는 좋을지 몰라도 숨구멍까지 막혀서 바람이 통하지 않을 것입니다. 우리나라에 신문물이 소개되기 시작한 19세기 말부터 쓰인 '광명단' 이라는 유약이 바로 그런 경우입니다.

광명단은 산화된 납을 주요 성분으로 하는 유약인데, 오지그릇에 입혀 구우면 붉은색이 나고 표면이 유리알같이 매끈하며 반짝반짝 빛이 납니다. 또 광명단은 가격도 싸고 사용하기도 편리하죠. 때문에 일제 시대 이후에는 거의 모든 옹기가 광명단으로 제작될 정도였습니다. 그러나 광명단을 발라 구운 옹기는 숨을 쉬지 못할뿐 아니라 맑지 않은 울림을 갖고 깨지기 쉽다는 단점이 있습니다. 또 화학 약품으로 만들었으니 사람에게 좋지 않은 성분이 들어 있을 수도 있겠죠.

따라서 옹기가 붉은색을 띠고 매끈하며 지나치게 광택을 낸다면 광명단 유약을 발라 만든 것인지 한 번쯤 의심해 볼 필요가 있습니다. 옹기는 우리 조상들이 오랜 옛날부터 사용해 온 천연 유약으로 만든 것이 제일 좋으니까요.

꺼먹이와 배불뚝이

엄마에게 된장과 고추장을 퍼 주고 난 뒤, 할머니는 장독대를 행주로 일일이 닦기 시작했습니다. 시골집 앞마당의 양지 바른 곳에 자리 잡은 장독대는 옹기 하나하나가 마치 자연의 한 모습인 듯합니다. 할머니가 닦아내는 대로 어떤 것은 하늘을 비추고 어떤 것은 구름을 비추며 또 어떤 것은 바람을 담아내는 것 같았어요.

"할머니가 옹기를 저렇게 정성스레 닦는 이유를 이제 알겠지? 옹기도 깨끗이 해 줘야 숨을 잘 쉴 수 있을 거야. 게다가 우리 옹기에는 정말 놀랄 만한 지혜와 과학이 담겨 있기도 해."

아빠는 말 대신 장독대 위에 쪼그리고 앉아 마당과 장독대를 구분지어 주는 단을 가리켰습니다. 이처럼 장독대를 돌로 쌓아 높게 만든 것은 나쁜 벌레가 접근하지 못하게 하

기 위해서라고 해요. 하지만 겨우 그 정도만으로 소중한 음식이 담긴 장독대에 벌레가 오지 않을까요? 그런 염려는 옹기의 제작 과정을 알고 나니 곧 사라졌습니다.

우리나라의 옹기는 굽는 마지막 단계에 이르면 아주 특별한 과정을 하나 더 거치게 되어 있습니다. 가마에다 소나무 가지를 넣고 불을 때는데, 그와 동시에 진흙으로 가마 구멍을 막아 연기나 공기가 새 나가지 못하게 하는 거예요. 그러면 소나무 가지가 불완전 연소하여 유난히 연기를 많이 내게 되고, 그 결과 생겨난 그을음이 옹기에 스며들게 됩니다. 그을음이 스며들어 까맣게 된 옹기는 그야말로 '꺼먹이 그릇' 이 되는 거죠.

이처럼 옹기에 그을음을 입히는 이유는 정화 효과와 벌레를 막아 주는 살균 효과를 지니기 때문입니다. 그러므로 장독 안에 숯을 넣는 것하고 같은 이유라고 보면 되는 거예요. 꺼먹이 독을 물 항아리와 쌀독으로 쓰는 것도 더 까닭이 있다는 걸 이제 알겠죠? 거기에 쌀을 넣어 두면 쌀벌레가 생기지 않고, 물을 넣어 두면 정화 효과로 인해 물맛이 좋아지고 오랫동안 신선하게 보관할 수 있으니까요.

　한편 장독대에 놓인 옹기 모양을 가만히 살펴보면 아주 재미있는 사실을 발견할 수 있습니다. 하나같이 우리 아빠처럼 배가 불룩하게 나온 배불뚝이 모양을 하고 있다는 점이죠. 그런데 몸에 좋은 전통 음식을 가득 담고 있으면서 왜 정작 자신은 배불뚝이가 되었을까요?

　거기에도 나름대로 이유가 있습니다. 배가 불룩하면 햇볕을 골고루 받을 수 있으므로 옹기의 위아래 어느 부분에서도 온도 차가 적습니다. 즉, 안에 든 내용물이 옹기 어느 부분에 있건 온도 차가 적기 때문에 보관하기에 좋다는 거예요. 더구나 배불뚝이 옹기는 여러 개를 붙여 놓아도 아래 부분에는 빈 공간이 생겨서 바람이 잘 통한다는 장점도 있습니다.

　또 하나 재미있는 사실은 지방마다 이런 옹기의 모양이 조금씩 다르다는 것입니다. 중부나 이북 지역의 장독들은 비교적 홀쭉하고 키가 크며 입구가 넓습니다. 이에 비해 남부 지역의 장독들은 배가 더욱 불룩하게 나왔으며 입구가 좁지요. 같은 나라에서 왜 이처럼 옹기의 형태를 지역마다 다르게 만든 것일까요? 거기에도 우리 조상들의 지혜가 담겨 있습니다.

장독대에 모든 음식을 보관하던 옛날에는 옹기가 냉장고 역할까지 했습니다. 그 까닭이야 물론 음식을 상하지 않고 오래 보관할 수 있어야 했죠. 그런데 남쪽 지방과 북쪽 지방은 기후가 다릅니다. 그에 따라 옹기의 모양을 다르게 만들었던 거죠.

남부 지역의 옹기가 불룩하고 입구가 작은 것은 기후가 비교적 따뜻하기 때문입니다. 남쪽은 북쪽 지역에 비해 태양으로부터 오는 태양 복사에너지와 지구 표면에서 반사되는 지구 복사에너지의 양이 많을 수밖에 없잖아요. 따라서 그 영향을 최소화하려면 옹기의 입구와 바닥의 지름을 작게 만들어야 했습니다. 대신 중간 부분은 불룩하게 하여 저장 용량을 최대화했지요.

그러나 태양과 지구 복사에너지의 양이 상대적으로 적은 북쪽 지방은 입구와 바닥을 좁게 만들 필요가 없었습니다. 때문에 옹기의 입구와 바닥이 넓고 몸통이 비교적 날씬한 형태로 만들었던 것입니다.

요즘엔 주방에서 옹기를 보기 힘듭니다. 대신 편리하고

예쁘게 만들어진 갖가지 그릇들이 대신 그 자리를 차지하고 있죠. 플라스틱 용기도 그런 그릇들 가운데 하나입니다. 예전의 옹기 대신 김치 냉장고 속에서 김치를 담고 있는 것도 플라스틱 용기이고, 슈퍼마켓에서 파는 된장이나 고추장통, 물통도 모두 플라스틱 용기입니다.

자, 그럼 값싸고 편리한 플라스틱 용기와 예로부터 전해 내려온 옹기와의 대결, 과학 한 판 속으로 들어가 볼까요?

옹기는 앞에서도 말했듯 살균 효과와 정수 효과를 지니고 있습니다. 실제로 옹기와 플라스틱 용기, 바이오 용기에 대

장균이 든 물을 넣어 본 실험 결과, 옹기의 세균 수가 가장 빨리 줄어들었다고 해요. 게다가 플라스틱 용기는 환경호르몬이라는 치명적인 단점이 있지만, 자연 재료인 흙으로 만든 옹기는 그런 염려가 전혀 없습니다.

'환경호르몬' 은 어느 날 갑자기 생겨난 물질이 아닙니다. 지금껏 만들어진 수만 가지의 화학 물질 중 일부가 인간이나 동물의 몸속에서 진짜 호르몬처럼 작용하면서 진짜 호르몬의 기능을 빼앗고 생식, 면역, 신경 계통에 나쁜 영향을 미치는 물질을 말하거든요. 대부분의 환경호르몬이 발암 물질이라는 사실이 속속 밝혀지고 있으므로 될 수 있으면 섭취하지 않도록 주의해야 합니다. 그렇다고 해서 모든 플라스틱 용기가 다 환경호르몬을 지닌 것은 아니지만, 전자레인지에 넣어 가열한다든지 뜨거운 물에 넣고 데울 경우 환경호르몬이 음식물에 스며들 가능성이 아주 높아집니다. 특히 환경호르몬은 기름에 잘 녹으므로 뜨거운 기름을 붓는 것은 반드시 피해야만 해요.

냉장고에 넣어 차게 보관하는 플라스틱 용기라고 해도 안심할 수는 없습니다. 6개월 이상 플라스틱 용기에 물을 담아

둘 경우 환경호르몬이 나올 가능성이 있기 때문이에요. 또 거친 수세미를 사용해 플라스틱 용기를 닦을 때도 홈집이 나면 환경호르몬이 나올 수 있으므로 주의해야 합니다.

이번 대결은 더 이상 볼 것도 없겠군요. 국제환경단체인 '그린피스'에 따르면 같은 플라스틱 용기라 해도 PVC(폴리염화비닐) 제품이 가장 유해 물질 발생 가능성이 높으며 다음이 PC(폴리카보네이트), PE(폴리에틸렌), PP(폴리프로필렌) 순이라고 합니다. 따라서 플라스틱 용기를 구입할 때는 라벨에 표시된 재질을 확인하고 구입하는 것이 좋겠죠.

뚝배기보다 장맛

"이야, 구수한데? 바로 이 맛이야!"

아빠는 시골에서 가져온 된장으로 만든 된장찌개를 떠 넣으며 감탄사를 연발했습니다. 내가 먹어 봐도 오늘의 엄마표 된장찌개는 정말 맛있습니다. 그걸 바라보는 엄마의 입가에도 미소가 떠나질 않네요.

"뚝배기보다 장맛이라는 속담도 있지만 역시 된장찌개는 뚝배기에다 끓여야 제 맛이 난다니까."

아빠는 뚝배기에서 된장찌개를 뜨다 말고 나를 바라보며 눈을 끔벅였습니다. 역시 뭔가 하고 싶은 이야기가 있다는 뜻이죠.

"두리야, 뚝배기에 담긴 음식은 왜 잘 식지 않을까?"

아니나 다를까 이번에도 역시 아빠의 과학 퀴즈입니다. 하지만 나는 자신 있게 대답할 수 있었습니다.

"뚝배기는 열전도율이 낮아서 데우기도 힘들지만 한번 데우면 잘 식지 않기 때문이죠."

"호호, 이제 두리가 당신보다 더 나은 것 같은데요."

　엄마가 식탁에 앉으며 활짝 웃음을 터뜨립니다. 내 대답에 만족한 듯 아빠가 한 마디 거들었습니다.

　"금속은 열전도율이 높아 데울 경우 금방 뜨거워져. 예를 들면 냄비나 은수저 같은 경우지. 냄비에 물을 넣고 가스레인지 위에 올리면 금방 끓어 오르잖니? 또 은수저로 뜨거운 국을 뜨면 곧 손잡이 부분까지 따뜻해지는 것을 느낄 수 있어. 그것도 열전도율이 높아 열이 짧은 시간에 전달되기 때문이지. 하지만 흙이나 돌은 열전도율이 낮으므로 열이 잘 전달되지 않아. 그러므로 뜨거워지는 데도 시간이 많이 걸리고 좀처럼 식지도 않지. 예를 들어 볼까? 예전에는 한옥의 구들장을 덥히는 데도 시간이 많이 걸렸지만, 일단 한번 덥혀지면 오랫동안 따뜻한 온기가 유지되었거든. 뚝배기도 흙으로 만든 옹기니까 한번 끓어오른 된장찌개의 온도를 오랫동안 유지해 주지."

　나는 다 알고 있음에도 불구하고 아빠의 말을 끝까지 들어 주었습니다. 간혹 어른들이 어떤 사람을 일컬어 뚝배기 같은 사람이라고 하는 것은 그처럼 오랫동안 변하지 않는 사람이라는 의미가 아닐까요?

식구(食口)의 의미를 깨우치다

이제껏 아빠 엄마와 함께 우리의 전통 밥상에 숨은 재미난 이야기들과 과학 원리에 대해 알아보았습니다. 이미 소개한 전통 음식 말고도 우리나라에는 예로부터 전해오는 음식들이 참으로 많습니다. 어느 것 하나 우리 조상들의 지혜와 정성이 담겨 있지 않은 음식이 없을 정도예요. 하지만 나는 무엇보다 이번 밥상 여행에서 한 가지 느낀 점이 있습니다. 음식이란 단순히 배를 채우거나 에너지를 얻기 위한 수단만은 아니라는 걸 깨달은 거죠.

일에 쫓기는 현대인들은 단지 배를 채우기 위해 패스트푸드를 허겁지겁 먹습니다. 또 귀찮은 끼니를 해결하기 위해 간편한 인스턴트식품을 장바구니에 담거나 가까운 식당에서 외식을 하곤 하지요. 우리 가족만 해도 얼마 전까지는 대부분 그렇게 끼니를 해결했으니까요.

그러나 우리의 전통 음식으로 차린 밥상을 대하면서부터는 음식을 보는 새로운 눈이 하나 더 생겼습니다. 밥상 위에 놓인 밥과 반찬들이 단지 하나의 음식이 아니라 자연으로부터 온 친구들이란 걸 말이에요.

　예전엔 미처 몰랐지만 그 친구들은 제각기 다른 모습을 하고 있습니다. 똑같은 채소라고 해도 큰 것도 있고 작은 것도 있으며, 잘 생긴 친구도 있고 벌레가 먹은 못생긴 친구도 있습니다. 사람들의 생김새가 모두 다르듯 자연에서 온 친구들도 제각기 생김새가 다른 거죠. 또 어떤 친구는 햇살을 많이 머금었고, 어떤 친구는 비와 바람을 담고 있기도 합니다. 이렇게 다양한 친구들과 이야기를 나누다 보면 밥 한 그릇을 후딱 비울 수 있죠.

　음식은 그처럼 자연과 사람을 이어 주는 역할뿐만 아니라 사람과 사람을 이어 주는 일도 합니다. 가족을 영어로 뭐라고 하는지 알죠? 그래요, '패밀리(family)'지요. 그 말은 노예를 포함하여 한 지붕 아래서 생활하는 모든 구성원을 뜻하는 라틴어 '파밀리아'에서 유래한 말입니다. 이처럼 세계 여러 나라에는 제각각 한 집에 모여 사는 가족을 일컫는 말이 있어요. 중국은 '일가(一家)', 일본은 '가족(家族)'이란 말을 주로 쓰죠. 이에 비해 우리나라는 '식구(食口)'라는 말을 씁니다. 즉, 같이 밥을 먹는 사람을 가족으로 여긴 거죠.

이처럼 밥을 먹는 문화, 즉 음식 문화는 우리 생활에서 중요한 부분을 차지해 왔습니다. 몇 십 년 전만 해도 온 식구가 반드시 함께 모여야 식사를 할 수 있었어요. 집안 식구 가운데 어느 한 명이라도 늦으면 기다려서 함께 먹었습니다. 왜냐 하면 식구라면 당연히 같이 밥을 먹어야 했으니까요. 음식을 함께 먹으며 하루 동안의 기쁨과 슬픔을 나누었던 거죠. 그리고 '밥상머리 교육' 이란 것이 있었는데, 어른들이 식사를 하며 자녀들에게 기본적인 식사 예절부터 사람으로서 반드시 지키며 살아야 할 됨됨이를 가르쳤습니다.

그럼 난 무얼 깨우쳤냐고요? 우리 가족이 밥상 혁명을 시작할 때 아빠가 처음 내민 사진을 여러분도 기억하죠? 그 사진 속에 있는 음식과 그것을 담는 그릇까지 우리는 자세히 알아보았습니다. 그런데 왜 하필이면 아빠는 두리반이라는 밥상 사진을 고른 걸까요?

그 까닭을 나는 이제야 어렴풋하게 깨달았습니다. '두리' 란 '하나로 뭉치게 되는 중심의 둘레' 를 뜻합니다. 즉, 여러 사람이 둘러 앉아 먹을 수 있는 둥근 두리반은 식구들이 음식을 먹으며 하나가 되기에 참 좋은 상이지요. 전에 패스트

푸드를 먹을 때는 아빠는 거실 소파에서 신문을 보며 치킨

을 먹고, 나는 텔레비전 앞에 앉아 피자를 먹었습니다. 각자

자기가 편한 대로 앉아 따로 음식을 먹었던 거죠.

　그러나 전통 음식을 먹고부터는 그런 일이 없어졌습니다.

사진 속의 두리반은 아니더라도 모두 모여 식사를 하게 되

었거든요. 왜냐 하면 엄마가 직접 만든 음식에는 우리만이

느낄 수 있는 엄마표 사랑이 담뿍 담겨 있으니까요. 그런 밥

과 반찬과 찌개를 먹으며 나는 정말로 사랑받는 아이라는 걸 느꼈습니다. 엄마와 아빠, 우리 가족 모두의 사랑이 다름 아닌 밥상 위에 놓여 있다는 걸 알게 된 거예요.

또 하나, 우리 집의 밥상 혁명이 시작되고 나서 눈에 띄게 달라진 점은 아빠의 배가 조금씩 들어가기 시작했다는 놀라운 사실입니다. 물론 나도 동네 아줌마들로부터 더 이상 우량아라는 말을 듣지 않게 되었고요. 이제 아빠와 나는 학교 운동장을 몇 바퀴씩 뛰어도 전처럼 그렇게 힘들지 않습니다. 가끔 '배불뚝이 부자' 라며 놀리던 엄마도 앞으로는 아빠와 나에게 '몸짱 부자' 라는 새로운 별명을 붙여주겠다고 했답니다.

훌륭한
밥상입니다!
앗싸
훌륭한
밥상입니다!